郵政事業の会計分析

●●●

ユニバーサルサービスと効率性

藤井秀樹
［編著］

東京 白桃書房 神田

はじめに

本書は，郵政事業改革の経緯とその学術的意義を，主として会計分析の視点から取りまとめたものである。

主な分析対象期間は，日本郵政グループの発足（2007 年 10 月）から現在の事業体制が固まる（2022 年 3 月期）までの約 15 年間である。その間，同グループは，政権交代とそれに伴う民営化スキームの度重なる見直し，その結果としての 5 社体制から 4 社体制への移行，郵政 3 社株式の上場など，事業体制の根幹に関わる出来事を経験した。本書では，その経緯を，経済財政諮問会議議事録や有価証券報告書等の一次資料に依拠して，分析的に記述している。

われわれが郵政事業改革に注目する主たる理由は，以下の 3 つである。第 1 は，郵政事業改革が経済規模の点で，国民経済に大きな影響を有していることである。郵政 3 社の株式上場（2015 年 11 月 4 日）に際しては，3 社合計で時価総額が 14 兆円を超える売出し価格が公表された（初値での時価総額は 16 兆円超）。そのため，当該上場は，「NTT 以来となる大型の民営化案件」（『日本経済新聞』電子版，2015 年 11 月 4 日付）として，広く社会の注目を集めた。因みに，日本郵政の政府保有株の売却収入は，東日本大震災の復興財源として位置づけられている。

第 2 は，郵政事業は事業運営の点でも，国民経済に大きな影響を有していることである。郵政民営化法第 7 条の二は，日本郵政と日本郵便に対してユニバーサルサービスの確保を義務づけた。これによって，同グループには，郵便等のサービスを「あまねく全国において公平に利用できる」形で提供することが，法制度上の義務として求められることになった。郵政事業が果たす社会インフラとしての役割は，とりわけ過疎地域等において，一層重要なものとなりつつある。

第 3 は，社会的な重要性と注目度が以上に見るように高いにもかかわらず（あるいはむしろ社会的な重要性と注目度が以上に見るように高いがゆえにと言うべきか)，日本郵政グループとその事業運営に対する評価が，論者の間で大きく相違していることである（第1章5節参照)。価値自由(Wertfreiheit）な立場から学術の目を通して見た時に，同グループの現状がどのように見えるかを（試行的にであるにせよ）提示することは，当該問題に関心を持つ研究者に課された義務（Berufspflicht）と言ってよいであろう。その作業は，論者の間に見る評価の相違を縮小・解消することにも繋がるであろう。

本書における主な分析対象期間は上記の約15年間であるが，必要に応じて，分析対象期間は適宜，前後に広げている。たとえば，郵政民営化の経緯を追跡した第2章では，郵政民営化法の準備過程についても多くの紙幅を費やし，立ち入った考察を行っている。他方，2023年3月期以降に観察された制度改正等についても，その重要性が認められた場合には，関連する諸章において分析的な検討を行っている。

本書が，21世紀の初頭に開始された郵政事業改革の学術的記録の1つともなればとの思いで，われわれ執筆者一同は研究作業を進めてきた。しかし，この思いがどれだけ達成できたかについては，読者諸賢のご判断にお任せするほかない。本書に対する忌憚のないご批判を仰ぐ次第である。

最後に，出版事情の厳しき折り，本書の出版を快くお引き受けくださった大矢栄一郎社長ほか白桃書房の関係各位に，心より深く御礼を申し上げたい。

2024年11月
執筆者を代表して
藤 井 秀 樹

目　次

初出一覧

第1章　問題意識と研究課題
書き下ろし

第2章　郵政民営化の経緯と論点
書き下ろし

第3章　郵政事業改革の模索と現実
書き下ろし

第4章　郵政事業のファンダメンタル分析（1）
　—民営化から株式上場まで—
書き下ろし

第5章　郵政事業のファンダメンタル分析（2）
　—株式上場後の推移—
書き下ろし

第6章　日本郵政グループの企業価値評価分析
書き下ろし

第6章の補章　日本郵便の国際化戦略
　—トール社買収をめぐる日本郵便の見通しと市場の期待—
渡邊誠士［2021］「M＆Aへの期待に関する会計学的考察—日本郵便のToll社買収を題材として—」『経済論叢』第194巻第4号，127-134頁に加筆。

第7章　ユニバーサルサービスの理論と実際
藤井秀樹［2022］「ユニバーサルサービスの経済理論と制度設計—郵政事業に寄せた論点整理—」『金沢学院大学紀要』第20号，129-139頁に加筆。

第8章　研究の総括と展望
書き下ろし

文中の表記について

1. 〔　〕は，著者による挿入を表す。
2. （　）は，出所または補足的な説明を表す。
3. 人名は，原則として敬称略で表記する。ただし，文脈において役職名が固有の意味を持つ場合は，その限りではない。（例）竹中平蔵特命担当大臣。

略語一覧

企業名等

かんぽ生命	郵便保険会社（民営化前） 株式会社かんぽ生命保険（民営化後）
金融2社	ゆうちょ銀行とかんぽ生命
公社	日本郵政公社
第一生命	第一生命保険株式会社
トール社	トール・ホールディングス Toll Holdings Limited
日本郵政	日本郵政株式会社
日本郵政グループ	日本郵政とその特定子会社
日本郵便	日本郵便株式会社
みずほ銀行	株式会社みずほ銀行
みずほFG	みずほフィナンシャルグループ
三井住友銀行	株式会社三井住友銀行
三井住友FG	三井住友フィナンシャルグループ
三菱UFJ銀行	三菱東京UFJ銀行（2017年度まで） 三菱UFJ銀行（2018年度以降）
三菱UFJFG	三菱UFJフィナンシャル・グループ
ヤマトHD	ヤマトホールディングス株式会社
郵政管理・支援機構	独立行政法人郵便貯金簡易保険管理・郵便局ネットワーク支援機構

ゆうちょ銀行	郵便貯金銀行（民営化前） 株式会社ゆうちょ銀行（民営化後）
郵便局会社	郵便局株式会社
郵便事業会社	郵便事業株式会社

法令等

改正郵政民営化法	日本郵政株式会社，郵便貯金銀行及び郵便保険会社の株式の処分の停止等に関する法律
郵政株式処分停止法	郵政民営化法の一部を改正する等の法律
交付金・拠出金制度	独立行政法人郵便貯金・簡易生命保険管理機構法の一部を改正する法律
信書便法	民間事業者による信書の送達に関する法律
復興財源確保法	東日本大震災からの復興のための施策を実施するために必要な財源の確保に関する特別措置法
郵政改革関連３法案	郵政改革法案，日本郵政株式会社法案，郵政改革法及び日本郵政株式会社法の施行に伴う関係法律の整備等に関する法律案
郵政民営化関連６法	郵政民営化法，日本郵政株式会社法，郵便事業株式会社法，郵便局株式会社法。独立行政法人郵便貯金・簡易生命保険管理機構法，郵政民営化法等の施行に伴う関係法律の整備等に関する法律

その他

EMS	国際スピード郵便 Express Mail Service
TPP	環太平洋パートナーシップ協定 Trans-Pacific Partnership Agreement
UPU	万国郵便連合 Universal Postal Union

第1章 問題意識と研究課題

1 日本郵政グループの事業特性

石井・武井［2003］（1頁）には，次のような記述がある。一部を簡略化して引用する。日本郵政グループ[1]は，「ユニバーサルサービスを確保しつつ，独立採算制のもとで，郵政3事業を一体的に運営している」[2]。ここには，同グループの事業特性を考えるさいのポイントとなる3つのキーワードが含まれている。そのキーワードとは，①独立採算制，②ユニバーサルサービス，③郵政3事業の一体的運営，の3つである。

郵便法では，「郵便に関する料金は，郵便事業の能率的な経営の下における適正な原価を償い，かつ，適正な利潤を含むものでなければならない」（郵便法第3条，傍点引用者）と謳われている。この規定は，郵政改革の法制度上の起点となった中央省庁等改革基本法の以下の規定，「郵政公社の経営については，独立採算制の下，自律的かつ弾力的な経営を可能とすること」（第33条の二，傍点引用者）を，継承したものと考えてよいであろう

1 日本郵政には，特定子会社3社以外にも，子会社・関連会社が多数存在する。日本郵政グループ［2019年度］（87-88頁）によれば2019年3月31日時点で，連結子会社265社，持分法適用関連会社22社がそれぞれ存在し，このうち，ゆうちょ銀行，かんぽ生命，日本郵便の3社が，企業内容等の開示に関する内閣府令第19条にいう特定子会社に該当する。ちなみに，同府令第19条にいう特定子会社とは，提出会社（親会社）に対し，売上高の総額または仕入高の総額が10%以上，純資産額が30%以上，もしくは資本金の額または出資の額が10%以上の子会社を指す。

2 日本郵政公社が発足する直前に策定された第1期中期経営目標（2003～2006年度）において，同公社の使命の1つとして，「ユニバーサルサービスを確保しつつ，独立採算制の下，これらの事業（郵便，郵便貯金，簡易生命保険等—引用者）を総合的かつ効率的に実施する」ことが掲げられた。石井・武井［2003］（1頁）の指摘は，この記述をふまえたものと思われる。

(本章2節参照)[3]。

他方，郵政民営化法（現行法）では，「日本郵政株式会社及び日本郵便株式会社は，郵便の役務，簡易な貯蓄，送金及び債権債務の決済の役務並びに簡易に利用できる生命保険の役務が利用者本位の簡便な方法により郵便局で一体的に利用できるようにするとともに将来にわたりあまねく全国において公平に利用できることが確保されるよう，郵便局ネットワークを維持するものとする」（第7条の二，傍点引用者）と謳われている。ここから，郵政3事業の「一体的運営」と郵政3事業における「ユニバーサルサービス」の確保が，日本郵政と日本郵便に対して法的に義務づけられていることが理解される。周知のごとく，「あまねく」は，ユニバーサルサービスの確保を法令等において謳うさいに用いられる慣用的表現である（第3章2節，第7章2節参照)[4]。

上掲の3つの事業特性のうち①②の事業特性は，他の事業体（たとえば公共交通や上下水道等の公営公益事業）においてもある程度共有されているものである。これに対して，③の事業特性は他の事業体には見られない，日本郵政グループに固有の事業特性となっている（第3章2節参照)。このことから，郵政3事業の一体的運営の実態をどう見るかが，同グループの会計分析を行ううえで最も固有性の高い研究課題となることが理解される[5]。

2 「参入規制＋内部補助」型システム

独立採算という用語はこれまで，諸論者によって多義的に用いられてきた[6]。先行文献を通覧すると，当該用語は狭義には「収支の均衡」[7]（企業会計

3　この点については，本章の脚注11を参照されたい。

4　ここで引用した郵政民営化法第7条の二のほか，日本郵政株式会社法第5条，郵便法第1条にも，「あまねく」規定が盛り込まれている。

5　ただし，このことは，③の事業特性が他の事業特性に優先する重要性を持っているということを，必ずしも含意するものではない。

6　大坂［1992］（3-4頁）によれば，わが国の先行研究において独立採算（制）という用語は，①経営原則（考え方），②経営管理方式（技法），③制度の，3つの意味で用いられてきたとされる。

7　「収支均衡」に代えて，「収支適合」という用語を用いる論者も散見される。たとえば，占部［1969］（217頁）；山本［1972］（76頁）；辻［1981］（158頁）；大坂［1992］（3頁）を参照されたい。

方式のもとで事業経費を事業収益によって賄うこと）を意味し[8]，広義にはそれに加えて，「資本の自己調達」および「利益の自己処分」（総じて「資金収支の均衡」）も含意するとされてきたことが分かる[9]。

独立採算制は，第二次大戦後わが国を含む資本主義各国において，「公企業の基本的経営方式」（一瀬他［1987］111頁，傍点引用者）として導入されたものであった[10]。したがって，かかる経緯に照らせば，民営化された日本郵政グループの経営方式を独立採算制と呼ぶのは，正確性に欠ける用語法と言わなくてはならないであろう[11]。しかし，以下に述べるように，日本郵政グループの経営方式は，実質的には独立採算制と見なしうる（あるいは見なすべき）ものとなっている[12]。

既述のように，独立採算の意味内容には「収益費用の均衡」から「資金収支の均衡」まで幅があるが，いずれにせよ単にそれだけのことであれば，独

8　狭義説に立つ先行文献として，坂田［1973］（92頁）；桝原［1977］（85頁）；石田・沓抜［1978］（122頁）；井上［1981］（159-160頁）がある。
狭義説の多くは，地方公営企業法第17条の二2の以下の規定，「地方公営企業の特別会計においては，その経費は，前項の規定により地方公共団体の一般会計又は他の特別会計において負担するものを除き，当該地方公営企業の経営に伴う収入をもつて充てなければならない」に依拠したものである。したがってその限りで，狭義説は，地方公営企業法の解釈における通説と見なしうるであろう。

9　広義説に立つ先行研究として，たとえば，占部［1969］（217頁）；山本［1972］（85頁）；大島［1976］（82頁）；寺尾［1979］（719頁）；辻［1981］（157-158頁）；一瀬他［1987］（113頁）がある。

10　独立採算制はもともと，ソビエト社会主義共和国連邦（現ロシア連邦）における社会化企業の経営方式として1920年代（新経済政策NEPの展開期）に開発・導入されたものであった（占部［1969］197-199頁）。

11　既述のように，中央省庁等改革基本法で使用されていた「独立採算制」（第33条の二）の用語が，郵便法においては姿を消し，「郵便に関する料金は，郵便事業の能率的な経営の下における適正な原価を償い，かつ，適正な利潤を含むものでなければならない」（第3条）とされたのは，主としてかかる事情によるものと解される。

12　個別企業としての金融2社には，ユニバーサルサービスの確保は法的に義務づけられていない。しかし，連結企業集団としての日本郵政グループに着目した場合，既述のようにその親会社である日本郵政にはユニバーサルサービスの確保が法的に義務づけられているのであり，したがって，その支配下にある金融2社も（少なくとも現時点では），ユニバーサルサービス確保に係る当該義務のネクサスに包摂されていると考えるべきであろう。
ちなみに，情報通信審議会［2015a］（3頁）では，2012年の改正郵政民営化法の施行にともなう組織再編を受けて，「日本郵政及び日本郵便には，これまでの郵便業務に加え，金融サービス（貯金・保険の基本的サービス）も郵便局においてユニバーサルサービスとして一体的に提供する責務が新たに課されることとなった」とされている。

立採算はむしろ民間営利企業においてこそ，組織の存続に関わる死活的な経営課題となるはずである。ところが，独立採算制が，民間営利企業の経営方式としてではなく，公企業のそれとしてことさら強調されるのはなぜかといえば，「民間の〔営利〕企業にあっては，そもそも企業ベースに乗らないような活動はもともと手がけられないので，本来的に独立採算制を論ずる必要がない」（井上［1981］159頁）からである。逆にいえば，公企業には一般に，「そもそも企業ベースに乗らないような活動」を手がけることが法的に義務づけられているからこそ，その経営方式として独立採算制を論ずる必要があるということである。

日本郵政グループは厳密な意味では公企業ではないが，同グループにも，多くの公企業と同様，「そもそも企業ベースに乗らないような活動」を手がけることが法的に義務づけられている。したがって，公企業におけると同様，かかる事情から，「適正な利潤」を生む自立的経営を，同グループの経営方式としてあえて法定する必要があったのである。あるいは少なくとも，そのように解釈することで，同グループの経営方式に係る諸法制の編成原理を整合的に理解することが可能となるのである。改めて指摘するまでもなく，日本郵政グループに課された「企業ベースに乗らないような活動」とは，ユニバーサルサービス確保に係る活動に他ならない。ユニバーサルサービス確保の義務化（郵政民営化法第7条の二，日本郵政株式会社法第5条，郵便法第1条，日本郵便株式会社法第5条）と自立的経営の法定（郵便法第3条）は，以上のような意味で表裏の関係にあるといえるであろう。

「そもそも企業ベースに乗らないような活動」を手がけることが法的に義務づけられている事業体に対して経営的自立を要求する点に「独立採算制の本質」[13]があるとすれば，日本郵政グループの経営方式の実質は，まさに独立採算制そのものと言って差支えないであろう。要するに，同グループは民営化後も，その前身である日本郵政公社の経営方式（中央省庁等改革基本法第33条の二）を基本的に継承していると解し得るのである。

13　占部［1969］（193頁）では，「独立採算制の本質」は，「収支の独立と収支の対応ないしバランスによって企業の自主性を確保し，それにより社会化企業に合理的要素を導入しようとする」点にあるとされている。

外部補助によらない場合[14]，「企業ベースに乗らないような活動」によって生じる赤字は，採算部門の黒字で補塡するしかない。つまり，独立採算制のもとでは採算部門の黒字が赤字部門に対する内部補助（cross-subsidization）[15]の財源となるのであって，当該財源を長期安定的に確保するためには，「採算部門への新規事業者のクリーム・スキミング的参入〔…〕を禁止すること」（石井・武井［2003］120頁）が，不可欠の施策となる。このようなユニバーサルサービスの確保方式を，石井・武井［2003］（120頁）は，「『参入規制+内部補助』型のシステム」と呼んでいる。なお，ここでいう参入規制は，潜在的な競合企業との間に事業条件の差等を政策的に設けるなど，クリーム・スキミング的参入のインセンティブを低下させる施策を含む，広い意味での参入規制として理解されるべきであろう。

3　内部補助をめぐる事業環境の変化

日本郵政グループにおけるユニバーサルサービスの確保方式は基本的には，「参入規制+内部補助」型システムとして設計されている。しかし，郵政民営化はそもそも，規制緩和と競争促進を柱とする新自由主義的構造改革の主要な一環として取り組まれてきたものであった（伊藤［2019］198-199頁）。したがって，郵政民営化のスキームには当初から，「参入規制+内部補助」型システムとは相容れない要素が織り込まれていたことに，留意しておく必要がある。とくに看過されてならないのは，『郵政民営化の基本方針』（2004年9月10日閣議決定）で示された「民間とのイコールフッティングの確保」および「事業毎の損益の明確化と事業間のリスク遮断の徹底」である（第2章3節参照）。

「民間とのイコールフッティングの確保」では，「民間企業と競争条件を対等

14　郵政改革を主導した新自由主義が「小さな政府」を目指すものであることから（伊藤［2019］13頁），このことを前提に議論を進める場合には，外部補助の可能性を捨象した議論を行うことが必要になる。ただし，かかる議論は必ずしも，外部補助の可能性の排除が望ましいとする規範的な立場を含意するものではない。この点については，石井・武井［2003］（122-123頁）の議論も参照されたい。

15　内部補助については，第7章4節でやや立ち入った論点整理を行っている。

にする」ことが提唱され，日本郵政グループ各社に「民間企業と同様の納税義務」を課すこと，新契約については「政府保証を廃止」すること等が具体的な施策として列挙された（『郵政民営化の基本方針』1（2））。これらの施策は，他の条件が等しければ，採算部門の黒字を減少させる方向に作用するであろう[16]。

また，「事業毎の損益の明確化と事業間のリスク遮断の徹底」では，「各機能が市場で自立できるようにし，その点が確認できるよう事業毎の損益を明確化する」こと，そして「金融システムの安定性の観点から，他事業における経営上の困難が金融部門に波及しないようにするなど，事業間のリスク遮断を徹底する」ことが，具体的な施策として列挙された（『郵政民営化の基本方針』1（3））。これらの施策は，金融２社から日本郵便への内部補助の潜在的なハードルを引き上げる方向に作用するであろう[17]。

以上のことから理解されるように，内部補助をとりまく事業環境は郵政改革の進展とともに大きく変化しつつあり，石井・武井［2003］（142頁）によれば，その結果，「『参入規制+内部補助』型のユニバーサルサービス確保方策は，自由競争下の今日においては〔制度的スキームとして〕基本的に成り立たなくなっている」とされる。

4 効率性と公平性

前節で取りあげたユニバーサルサービスの確保方策をめぐる問題は突き詰めると，郵政事業における「効率性と公平性」（井手［2015］ix頁）の問題に帰着する。ユニバーサルサービスを提供する企業に対しては一般に，当該サービスを対象地域においてあまねく公平に提供する義務が課される一方で，効率的な経営が要求される。「効率性と公平性」の問題とは，このト

16 たとえば，郵便事業においては，物流部門で「宅配便との熾烈な競争」（井手［2015］61頁）が行われているほか，2003年には信書事業への民間事業者の参入を可能にする許可制度が導入され，当該事業における日本郵便の独占体制に制度上の終止符が打たれた。ただし，2019年12月現在，信書事業への新規参入者は皆無である。

17 日本郵便が金融２社から受領する代理業務手数料が内部補助を含むか否かという問題とは別に，かかる施策は代理業務手数料を引き下げる方向に作用する可能性が高い。事実，近年，代理業務手数料は漸減の傾向にある（2016年度：1兆52億円・26.7%→2017年度：9,704億円・25.0%→2018年度9,588億円・24.2%。%は営業収益に占める割合）。

レードオフをどのようにバランスさせるかを問うものであり，これまで主として公営公益事業研究の領域で論じられてきた古くて新しい問題である[18]。

郵政事業の関連法令では，郵便法第1条の次のような条文，すなわち「この法律は，郵便の役務をなるべく安い料金で，あまねく，公平に提供することによって，公共の福祉を増進することを目的とする」（傍点引用者）という条文が，この問題を縮約的に表現している。外部補助を想定しない場合，「なるべく安い料金」で郵便の役務を提供することは，郵便事業の効率的経営を抜きにしてはありえない。同法は，かかる課題の遂行を，当該役務の「あまねく公平な提供」と絡めて，日本郵便に要求しているのである。

「効率性と公平性」の問題は，A. M. Weinbergのいう「トランス・サイエンス」問題，すなわち「科学に問いかけることはできるが，科学によって答えることのできない問題」（Weinberg［1972］p.209）の一例をなすものといえよう[19]。つまり，一意的な最適解を科学によって導き出すことはできないが，制度設計（より一般的には公共選択）の落し所を探るためには繰り返し問い続けることが求められる問題である。本書では，「効率性と公平性」のトレードオフ問題をそのような性質を帯びたものと捉えたうえで，当該トレードオフを論点整理の基本的な枠組みとして措定し，多種多様な諸要素が複雑に絡み合った日本郵政グループの経営問題を，可能な限り分析的に読み解いていくことにしたい[20]。その作業は，郵政事業をめぐる「効率性」と「公平性」のバランスをどう確保する

---

18 先行研究ではこの問題を論じるさいに，「効率性と公平性」に代えて，「経済性と公共性」（井上編著［1981］155頁），「企業性と公共性」（辻［1981］174頁；桜井［1986］63頁），「効率性と公益性」（石井・武井［2003］38頁）といった表現も用いられてきた。それぞれの表現には各論者の問題意識が反映されている。ここでは，標準的な経済学の概念で問題点を整理した井手［2015］（ix頁）の表現に倣っている。この点については，太田［2020］（4頁）の議論も参照されたい。

19 野家［2015］（264頁）は，近年の代表的なトランス・サイエンス問題として，環境問題，公衆衛生，パンデミック，生殖医療などをあげている。ユニバーサルサービス確保をめぐる「効率性と公平性」の問題は，これらの問題に通底する経済的・社会的・倫理的性質を帯びているといえよう。トランス・サイエンス問題の詳細については，戸田山［2011］（198-200頁）；野家［2015］（263-265頁）を参照されたい。

20 太田［2020］（5-7頁）は，政策評価における効率性と公平性の相互関係の捉え方を，以下の4パターンに整理している。①効率性を最大限発揮することが公平性の増進に資する。②効率性と公平性はトレードオフの関係にある。③多数ある効率的な状態から公平性基準にもとづいて最適状態を選択する。④公平性基準にもとづいて社会目標を設定しそれを効率的に達成する。太田［2020］（6頁）では，④の捉え方（スタンス）によるとしている。

かという難問に日本社会がどのように取り組んできたかを，会計分析の観点から明らかにすることに繋がるであろう。以上が，本書の主要な研究課題であり，分析対象と向かい合うさいのわれわれの基本的なスタンスである。

5 事実にもとづく現状分析の必要性

日本郵政グループ3社株の同時上場（2015年11月4日）にさいしては，3社合計で時価総額が14兆円を超える売出し価格が公表された。そのため，当該上場は，「NTT以来となる大型の民営化案件」（『日本経済新聞』電子版，2015年11月4日付）として，広く社会の注目を集めた。ちなみに，3社株の初値はいずれも売出し価格を上回り，上場時の3社合計の時価総額は16兆円を超えた（第6章1節参照）。

図表1.1は，全国紙4社のデータベース（図表1.1の（出所）参照）でキーワード検索を行い，報道件数の推移を集計したものである。検索に用いたキーワードは，「日本郵政」と「日本郵政上場」である。図表1.1では，比

図表1.1　全国紙における報道件数の推移　　単位：件

	日本郵政	日本郵政上場	電力自由化	JR九州上場
2013年	919	139	257	41
2014年	817	170	304	119
2015年	1,422	571	420	166
2016年	911	156	914	319
2017年	716	121	283	138

（注1）1行目の各トピックは，検索に用いたキーワードを示す。「日本郵政上場」は「日本郵政」の内数をなす。
（注2）各トピックに係るイベントの実施日は以下の通りである。
日本郵政上場：2015年11月4日
電力自由化　：2016年4月1日
JR九州上場　：2016年10月25日
（出所）聞蔵ビジュアル（朝日新聞），日経テレコン21（日本経済新聞），毎索（毎日新聞），ヨミダス歴史館（読売新聞）により作成。

較対象として，日本郵政グループと同じ公益事業部門[21]に属する主要企業（電力会社およびJR九州）についてのキーワード検索の結果も，合わせて示している。図表1.1の検索結果は網羅性には欠けるが，少なくともそこから，日本郵政グループの動向に対する社会的な注目が他の公益事業会社のそれに勝るとも劣らないものであることを，再確認することができるであろう。

ところが，社会的な注目がこのように高いにもかかわらず（あるいはむしろ社会的な注目がこのように高いがゆえにと言うべきか），日本郵政グループとその事業運営に対する評価においては，論者の間に極めて大きな相違が散見される。図表1.2は，石井・武井［2003］と野村［2006］の主張の相違を比較対照したものである。「郵便局ネットワークの維持」，「郵政３事業の

図表1.2　日本郵政グループとその事業活動に対する評価

	石井・武井［2003］	野村［2006］
郵便局ネットワークの維持	ユニバーサルサービスの維持と，郵便局ネットワークの維持は同義である（155頁）。	経営努力を怠った郵便局は統廃合の対象となっていかざるを得ない（35頁）。
郵政３事業の一体的運営	郵便局ネットワークを持続的に維持可能とする最も有効な方策は，郵政３事業の一体的運営である（155頁）。	相互に「もたれ合い」が生じ，経営に甘さを生んできた（77頁）。
見えない国民負担	法人税等が免除されている分，安い料金で利用でき，国民・利用者に大きな便益がもたらされてきた（97頁）。	民業圧迫の要因（19頁）。甘えの体質の温床（23頁）。

（出所）石井・武井［2003］；野村［2006］により作成。

21　日本郵政の支配下にある金融２社が公益事業部門に属するか否かについては，議論の余地があろう。この問題は，公益事業とはそもそも何かという問題とも関連する。
北［1974］（34頁）は，「〔国内外の〕公益企業論の著書を通じて，公益企業に関して定義を下しているものをほとんどみない」と述べている。これに対して，佐々木［1981］（36頁）は，先行研究において最大公約数的には「サーヴィスの必需性」と「自然的独占性」が「公益企業ステータスの形成要因」と見なされてきたと述べている。
公益事業の境界設定問題と表裏の関係にある上記の問題を論じることは本章の課題ではないので，ここでは以上を指摘するにとどめておきたい。ちなみに，石井・武井［2003］（108–109頁）は，「金融サービスは一般に公益事業の範疇には含まれない」が，金融２社が提供する金融サービスはユニバーサルサービスの性質を備えていると述べている。

一体的運営」，「見えない国民負担」といった郵政改革や事業運営の根幹に関わる重要問題についてさえ，両者間でまったく対照的な評価が示されている。たとえば日本郵政グループの固有の事業特性をなす「郵政３事業の一体的運営」について，石井・武井［2003］（155頁）は，「過疎地をも含めて全国の郵便局の窓口を持続的に維持可能とする最も有効な方策こそが，郵便，郵便貯金，簡易生命保険のいわゆる郵政三事業の一体的な事業運営である」と述べているのに対して，野村［2006］（77頁）は，「これら（郵政３事業―引用者）が密接に絡み合ってきたからこそ，相互に『もたれ合い』が生じ，経営に甘さを生んできた」と断じている[22]。

多様な評価を自由に表明できる社会環境それ自体は，大いに歓迎されるべきものであろう。しかし，評価の相違があまりにも大きい場合は，その相違が生じた理由ないし原因を事実に即して解明する必要がある。多様性の分散を適切に処理・調整しなければ，議論が拡散するばかりで，日本郵政グループの今後のあり方について現実的な観察予測（observational prediction）を得ることができないからである。多様性の分散を適切に処理・調整することがわれわれにどこまで可能かという問題はさて措き，様々な評価の背景となっている事実をわれわれなりに明らかにすることは，多種多様な諸要素が複雑に絡み合った日本郵政グループの経営問題を可能な限り分析的に読み解くという本書の課題を遂行するうえでも，避けて通れない作業となる。

以上に述べてきたような問題意識にもとづき，次章以下では事実にもとづく日本郵政グループの現状分析を，われわれの力の及ぶ限りにおいて行っていきたいと思う。

6 本書で採用する分析方法

本書においてわれわれが採用する会計分析の方法について，簡単に言及し

22 新聞や雑誌の関連記事・論説等は極めて多数にのぼるため，紙幅の制約もあり，ここではそれらを網羅的に紹介することはできない。著書に限れば，郵政改革に批判的な文献として小坂［2005］が，肯定的な文献として郵政改革研究会［2011］；郵政改革研究会［2012］が，中間的な文献として井手［2015］；伊藤［2019］がある。

ておきたい。本書においてわれわれが採用するのは，標準的なテキスト等[23]で解説されている財務諸表分析と企業価値評価の基本的手法である。本書では，財務諸表分析と企業価値評価を便宜的に，「会計分析」と総称している。

日本郵政グループの事業活動と事業環境は，様々な意味で特殊性を帯びている（たとえば本章１節で述べた事業特性をすべて兼ね備えた国内競合他社は皆無である）。したがって，その経済的実態を描出するためには，当該特殊性を加味した特殊な分析方法によることが必要という考え方もあり得るであろう。

しかし，われわれは，そうした考え方をあえてとらない。特殊な対象を特殊な方法で分析した結果は，分析対象のある種の「忠実な写像」[24]を表現するものとなるかもしれないが，(1) そのような「忠実な写像」は，分析で用いられた特殊な知識と価値観を共有する者にしか理解（ないし是認）できないものになる可能性が高く，(2) さらにまたそのありうべき１つの帰結として，分析結果から一般法則を導くこと（換言すれば他のケースに援用可能な示唆や教訓を導くこと）が困難になる可能性も高くなるからである。

前節で見てきたように，日本郵政グループとその事業活動に対する評価は，論者の間で大きく割れている。そのようなケースを分析対象とするときには，会計分析の原点に立ち返るのが，迂遠ではあるが最善であろう。そうすることで，上記 (1) (2) のような問題が発現するリスクを相対的に小さくすることが可能となるであろう。

そこでわれわれはまず，標準的な会計分析の手法を日本郵政グループの実態分析に適用したときにどのような姿が浮かび上がってくるかを明らかにすることにした（基礎的分析）。そうした作業によって得られる日本郵政グ

23　間接的な利用も含め本書の執筆において参考にしたのは，Palepu et al.［2000］; Penman［2001］; 桜井編著［2010］; 伊藤［2014］; 桜井［2020］; 乙政正太［2019］である。

24　ここでは１つのレトリックとして「忠実な写像」という表現を使っているが，論理実証主義の立場からすれば，何らかの価値基準を先験的に措定しない限り，写像の「忠実性」を議論することはできない。つまり万人が承認する絶対的な「忠実性」は存在しないということである。日本郵政グループの経済的実態の「忠実な写像」をダイレクトに描き出すというアプローチの採用をわれわれはあえて避けているが，その科学哲学的な含意は，以上のような点にある。なお，「忠実な写像」という表現の会計制度上の由来については，藤井［1992］を参照されたい。

ループの姿は，標準的な会計分析の知識を通して見たときに見えてくる同グループの姿である。その最も大きな利点は，それが，学術上の共有知に裏づけられた体系的分析の結果を示しているということにある。

とはいえ，その姿は，日本郵政グループに問われている問題の分析に必ずしも十分に対応したものではない可能性もある。そのような可能性はむしろ高いと言った方が，よいかもしれない。そのような場合，問われている問題により適確に対応した分析結果を得るために，標準的な会計分析の枠内で分析手法の独自的な工夫・改良を行いつつ，発展的な分析を行うことにした（発展的分析）。以上のような一連の分析作業を通じて，日本郵政グループの1つの「現実の姿」を反証可能（falsifiable）な形で描出することが可能になると，われわれは考えた[25]。

さらに本書では，日本郵政グループや主務官庁によって公表された財務情報等の，一般に入手可能な情報（いわゆるオープンデータ）のみを用いて会計分析を行っている。標準的な会計分析の手法の採用と併せ，そうすることで，われわれが提示する分析結果の反証可能性はより向上すると考えた。

この点に関連して付言しておけば，本書で研究対象とするのは基本的に，2022年3月期までのデータとそれに関連する諸事象である。多少なりとも踏み込んだ学術的検討を行うためには，研究対象に関する一定量のデータとその背景情報を体系的に収集することが必要であり，その条件が十分に揃わない2023年3月期以降にまで研究の対象期間を広げるのは適当でないと判断したからである[26]。

7 本書の構成

本章に続く第2章および第3章では，郵政民営化から3社株式上場に至るまでの経緯を跡づけ，主要な論点を整理している。この作業は，第4章以下

25　科学哲学の領域では，「仮説と矛盾する観察命題が論理的に可能であること」を「反証可能性（falsifiability）」という（野家［2015］165頁）。ある理論が科学的理論であるためには，当該理論は反証可能性を備えていなくてはならないとされる。

26　したがって，2023年3月期以降のデータに反映されるであろう経営問題や社会事象等は，必要に応じて脚注等で簡単に言及するにとどめている。

で行う会計分析の前提をなすものである。財務情報の分析は一般に，企業経営のあり方を規定する関連諸法令やマクロ経済環境等と突き合わせることで，初めて有意義なものとなる。日本郵政グループの会計分析も，その例外ではない。郵政民営化から３社株式上場に至るまでの期間には政権交代もあり，同グループの経営形態と事業運営は極めて複雑な様相を呈した。経済財政諮問会議議事録等の一次資料を含む幅広い文献の渉猟を通してその過程を追った第２章および第３章は，郵政改革の制度史研究としての役割も担っている。

第４章では郵政民営化から３社株式上場までを，第５章では３社株式上場後を，それぞれ対象期間として，日本郵政グループ各社のファンダメンタル分析を行っている。第４章が分析対象としているのは株式上場に向けた準備がグループを挙げてなされた期間であり，第５章が分析対象としているのは企業価値の維持・向上を主要課題として経営のさらなる効率化が図られた期間である。第４章および第５章では，それぞれの期間においてどのような取組みがなされ，どのような成果が得られたのかを，標準的な財務諸表分析の手法を通じて明らかにしている。

第６章では，上場３社，特に事業会社である金融２社に着目して企業価値分析を行っている。そこで用いているのは，説明力の高い企業価値評価モデルとして定評のある残余利益モデル（Residual Income Method; RIM）である。本書で用いる最新の財務データとなる2022年３月期までの公表財務データをもとにゆうちょ銀行およびかんぽ生命に対する市場の期待を分析することを，それぞれ主たる課題として分析を行っている。市場の期待分析は感応度分析（sensitivity analysis）を応用したものである。また，非上場企業である日本郵便については，上場３社の株価データをもとにその企業価値を推定している。

第６章の補章では，特殊事例研究として，日本郵便によるトール社の買収問題について会計分析を行っている。日本郵便の株式上場は（少なくとも当面は）予定されていない。郵政完全民営化のシナリオの対象外に置かれた感もあるが，全国に約24,000局のネットワークを持つ日本郵便が依然として，日本郵政グループの経営を下支えする実働機能を担っている事実に変わりはない。第６章の補章では，その事実をふまえつつ，トール社買収について日本郵便がどのような見通しを持っていたのか，そしてまたトール社買収に対して市場はどのような期待を寄せていたのかを，公表財務データを用いて分析している。

第７章では，ユニバーサルサービスに関する先行文献のレビューを行い，主要論点の整理と検討を行っている。本章１節で述べたように，「ユニバーサルサービス」は本研究における重要なキーワードの１つとなる。したがってその限りで，ユニバーサルサービスについて必要最小限のわれわれの理解を示すことは，本研究を完結させるうえで欠かせない課題となる。上記の作業を行うことでこの課題に応え，本研究の体系性を整えることにした。第８章では，研究の総括を行い，今後の課題を展望している。

以上本章では，本書における問題意識と研究課題を述べてきた。しかし，本書で行ったわれわれの試みがどこまで実を結んでいるかの見定めは，読者諸賢にお任せする他ない。本書に対する忌憚のないご批判を仰ぐ次第である。

第2章
郵政民営化の経緯と論点

本章では，21世紀の郵政事業改革が，なぜどのようにして郵政民営化に至りついたのかという経緯と，その制度設計をめぐる論点を明らかにする。1では，日本における郵政事業の生成と発展について述べ，2では，郵政民営化に先立つ日本郵政公社の成立とその経営について述べる。3では，経済財政諮問会議で議論された郵政民営化の制度設計の論点について述べ，4では，制度設計をめぐって二分されたステークホルダーの立場の違いを明らかにする。

1 郵政事業の生成と発展

1.1 郵便事業の生成と発展

日本郵政グループのディスクロージャー誌は，次のような社長メッセージを冒頭に掲げている。「郵政事業は，1871年の郵便事業創業に端を発し，4年後に貯金を始め，その後，保険を売り出しました。全国津々浦々，2万4,000局の郵便局が地域の皆さまのそばにあります。実に148年もの間，雨の日も風の日も，山の上から離島まで誠実にサービスを続けてきました」（日本郵政グループ［2019年度］5頁）。ここには，同社が長年成功を収めてきたビジネスモデル（郵便・貯金・保険の三位一体）とアイデンティティ（ユニバーサルサービスの実現）が示されている。

同社は，「日本郵便の父」前島密[1]によって，その基礎が築かれた。明治新政府は欧米から鉄道や電信といった新技術を導入するため莫大な資金を要した。それゆえその他の事業にあてる資金は乏しく，そのような中で近代郵便

1　前島密（1835～1919年）は越後出身の旧幕臣ながらも明治政府に登用され，その卓越した構想力と実務能力を発揮して様々な政府事業の端緒を開く貴重な働きをした。

制度[2]の導入を図ったことが，前島の評価を不動のものにした所以である。彼が卓越した工夫を凝らしたのは，①郵便創業の建議，②郵便御用取扱所の仕組みづくり，③民間業者との交渉である[3]。

1つ目のひらめきは，政府が公用通信に費やしていた代金を元手にして，民間通信（商用・私用）を含めた定期便を構想したことである。東京－大阪間に定期便を差し立てて，これに街道筋の民間通信を便乗させれば，元手の回収は容易である。やがて民間需要が増えれば，これを拡張資金にあてることができるし，さらにネットワークが広がれば収益性の向上はいっそう進む。このアイデアについて渋沢栄一らの賛意を得ると，前島はさっそく郵便創業の建議を行った（通信文化協会［2017］519-520頁；加来［2019］212-213頁）。翌年の1871（明治4）年4月20日には，東京・京都・大阪ならびに街道筋の諸都市に62の郵便局と149のポストが設けられた。当初は配送距離に応じた逓増料金制であったという（星名［2006］308-309頁）。その僅か4年後には全国に3,815もの郵便局が設置されたというから，郵便ネットワークが瞬く間に全国に広がったことがわかる。

2つ目は，全国ネットワークの形成を迅速かつ容易にするための工夫である。前島は全国各地の名望家を郵便局長に任用し，「お上の御用」を承る権威の箔付けとして僅かな口米銭を支給して，自宅を郵便局（郵便御用取扱所）にあててもらうとともに，地元の郵便運営を委ねるという仕組みを考案したのである（通信文化協会［2017］574-578頁）。自前の資金を節約したい政府にとって実に都合の良い仕組みであったが，驚くべきことにこれに多数の名望家が応じ，大戦後の1945（昭和20）年には既に全国津々浦々に13,281局もの郵便局が設置されていた。これらは政府設置の中央・地方郵便局とは区別して「三等郵便局」（1886～1941年）と位置づけられ，後には

2　1840年英国のローランド・ヒルによって確立された近代郵便制度の要件は，①切手による料金前納，②低廉な全国均一料金，③国内外に展開された集配ネットワーク，④利用の平等性であるという（井上［2011］54頁）。

3　加来耕三は，明治維新の理念（「いつでも」「何処でも」「誰でも」「自由に」「何処にでも」往来できる社会）をカタチにした前島密の構想力に刮目し，彼を「日本近代化の父」と書きたくなると語っている（加来［2019］5頁）。

「特定郵便局」（1941～2007年）と呼ばれるようになった[4]。それらの郵便局長は逓信官僚の経営する事業組織の末端管理職を担いながら，同時に郵便局のオーナー経営者でもあるというユニークな仕組みであった。このような仕組みが地域密着の郵政事業を築くうえで大きな役割を果たしたと言われる。現代でいえばフランチャイズに該当する仕組みで，これを「明治版『民間活力』の活用」と評す論者もいる（井上・星名［2018］129頁）。

3つ目の前島の工夫は，信書輸送を政府の独占事業にする企てである。開始直後の官営郵便に対して，東京・横浜・大阪の定飛脚屋は過激な値下げ競争を仕掛けてきた。彼らは260年にわたり主要都市間の通信を営んできたのであり，その一番利益のあるところを官業が奪いとろうというわけであるから，値下げによる対抗策は当然の成り行きであった。だが，これを放置しておいてクリーム・スキミングを許したならば，ユニバーサルサービス（高収益の事業・地域で低収益の事業・地域を補うことによって実現する全国均一の低廉サービス）の提供が難しくなる。政府に資金があればこれら飛脚会社を買い上げるのが筋だが，そのような資金はない。そこで，前島はある腹案をもって東京定飛脚屋総代との交渉に臨んだ。政府がめざすところは海外諸国まで書状を届ける大事業であり，民間ではこれを担えないであろうと論難したうえで，もし飛脚屋が同業仲間を大同団結させるなら，官営郵便に付随する輸送業務を一括してその団体に委ねるという代案を示したのである。その業務とは，「各郵便局に収金を受授する事，郵便用の物品運送の事，それ

4　1886（明治19）年には郵便局に三等級制が導入され，官立の一等局は大都市に，二等局は中小都市に設置され，請負制の三等局は最寄りの町村に設置された。この三等郵便局が特定郵便局の前身となる。1888年には三等郵便局にかかわる諸規定が整備され，そこでは次のように三等郵便局長の要件を整理している。「①三等郵便局長は判任とし，満二〇歳以上の男子であって，所定の資産を所有し，なるべく局所在地に居住する者から適材を選ぶ。②三等郵便局長には俸給を支給せず，手当を支給する。③三等郵便局長およびその家族は，営利会社の社長・役員となることができ，原則として，商売を営むことが許される。④三等郵便局の局舎の土地および建物は，局長が義務として無償提供し，これを確保する。⑤従業員は三等郵便局長が随意に採用するものとし，局長が適宜の給与を支給する。⑥三等郵便局の運営経費は渡切りとし局長に支給し，その支給額をもって人件費，物件費いっさいを支弁する。⑦三等郵便局長は郵便局運営上の全責任を課せられ，損失が生じた場合には，原則として，弁償責任を負う。⑧三等郵便局で売り捌く切手類は，局長の私金により一定の割引額で調達することができる」（井上・星名［2018］130頁；小川・高橋［1983］19-22頁）。この仕組みは1946年まで続く（本章2.2脚注9を参照されたい）。

から将来には為替金転送の事，貯金集配の事，まず是等である」（通信文化協会［2017］582 頁）。これを聞き入れて結成された団体は郵便事業の発展とともに成長し，のちに陸運業界の盟主（1937 年に日本通運株式会社に改名）に発展した。このような手を打ったうえで，1873（明治 6）年に政府は均一料金制を採用する布令（「量目等一ノ信書ハ里数ノ遠近ヲ問ハス国内相通シ等一ノ郵便税ヲ収メ候」），ならびに郵便事業の国家独占を宣言する布令（「信書ノ逓送ハ駅逓頭ノ特任ニ帰セシメ何人ヲ問ハス一切信書ノ逓送ヲ禁止ス」）を発出した（星名［2006］315 頁）。そして 1886（明治 19）年には引受郵便物が 1 億 1,500 万通（当時の人口は約 3,800 万人）を上回り，経営収支がようやく黒字へと転換した（井上［2011］54 頁）。

こうして確立された近代日本の郵便は，人口増加に伴って全国津々浦々にネットワークを広げた。また，輸送手段の多様化・迅速化（鉄道・船舶・航空機・自動車・自動二輪）や集配技術の高度化（郵便番号制や郵便区分機）により，サービスの高度化を実現してきた。戦後には情報通信手段の多様化（電信・電話・ファクシミリ・パソコン・携帯電話）が著しく進んだものの，郵便物数は大戦間（1920 ～ 1940 年代）を除いて増大を示し続け，創業 130 年を迎えた 2001（平成 13）年には約 265 億通というピークを記録した。その内容を 2014 年の郵便利用構造調査で見てみると，郵便物の流れは「事業所→私人」54％，「私人→私人」26％，「事業所→事業所」19％となっており，用途別分類では金銭関係（請求書等）36％，ダイレクトメール 22％，消息・挨拶 15％となっている。ちなみに郵便物は 20 年前のピーク時から今日まで減少の一途を辿っているが，インターネット上の通信販売の拡大によって，宅配便取扱数は 2008 ～ 2020 年の間に 30 億個から 45 億個へと著しい増大を示している。

1.2 郵貯事業の生成と発展

郵政事業のもう 1 つの側面，金融事業はどうか。前島が渡英時（1870 年）にいたく感動したのは，旅先の郵便局で郵便為替がいとも簡単に利用できたことであった。「郵便は信書を運ぶだけでなく，これに伴って貨幣も品物を共に送達すべきもの」[5]と前島は考えていたが，郵便貯金や郵便為替を始めるにも当時の政府には必要な運転資金もなければ簿記が分かる人材もいなかった。そこで1875（明治8）年，東京と横浜だけで試験的に郵便為替と郵便貯金を始めてみた。だが，「宵越の銭は持たぬと誇って居る江戸気質の人民」や「貯蓄の習慣に乏しい日本国民」を教導して貯金を奨励することは容易ではなかった（通信文化協会［2017］585-590頁）。国民に簡易かつ確実な少額貯蓄手段を提供し，いざという時のための生活不安に備えさせることを政策理念として始まった郵便貯蓄は，当然のことながら安全資産である国債を中心とした資産運用を行う。それゆえ郵便貯金は戦前戦後を通して，財政と金融を結ぶ公的ファイナンスの一環をなしてきた。郵貯資金は，戦前は大蔵省預金部，戦後は大蔵省資金運用部への預託をつうじて運用がなされ，大蔵省がその社会的再配分機能を担ってきたのである。

このような郵便貯金のなかで戦時インフレ対応の貯蓄奨励商品として生ま

図表2.1　財政投融資の仕組み（1999年度末）

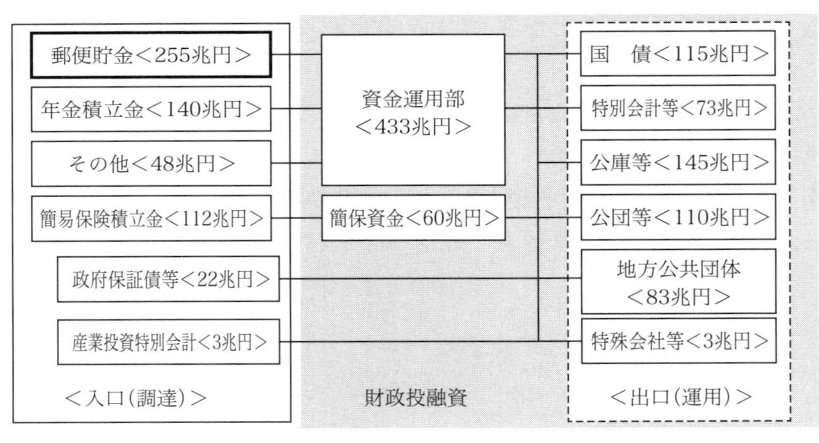

（出所）全国銀行協会［2001］3頁。

5　前島は，郵便の本質を次のように考えていた。「通信の国家に於けるは，恰も血液の人身に於ける様なものである。人身は血液の循環に依て生活もし且健全を得るのであるが，血液の循環するは血管があるからである。〔‥‥〕通信は即ち血液で，血管は駅逓（郵便－引用者）である」（通信文化協会［2017］515頁）。

れたのが，定額貯金であった。定額貯金は政府保証という抜群の安全性を有する商品でありながら，半年複利で増殖するため，長期に保有すれば高利回りが見込めるという収益性の高い金融商品でもあった。低リスク高リターンという，市場原理を度外視した金融商品である。おまけに，半年間の据え置きで，以後引出し自由という高い流動性も付随していた。

定額貯金は，戦後は「郵貯増強メカニズム」（郵便局ネットワークの拡充を梃子にして郵便貯金の増大を生み出すメカニズム）を形成し，投資主導の高度成長期に大蔵省資金運用部資金として社会資本整備に役立てられ，国土の開発や生活環境の整備を支えた（図表2.1参照）。また都市に出現した新中間層に対して適切な貯蓄機会を提供し，彼らの生活向上の資産を形成した。この「幸せな仕組み」を全国津々浦々に行き渡らせようとしたのが政治家田中角栄で，彼が郵政相時代に拡張した店舗網（貯金を募るための非集配特定局）が，現在の郵便局ネットワークの相当部分を形作っている（伊藤［2019］258頁）。

1970年代には郵貯が不況対策や公共事業のための財源として位置づけられ，財政肥大化の条件となった。1980年代になると証券市場の発達とともに直接金融の時代を迎えたため，定額貯金は実質的には停滞していたが，1990年代にバブル崩壊を迎えると，民間金融機関に不安をもった資金が大量に郵便貯金に流入した[6]。このように資金需要に関係なく原資（郵貯等）が集まり続けたことが財投肥大化とその運用の非効率を招いたという反省から，2001年の財政投融資改革においては郵便貯金・年金積立金の資金運用部への預託義務が廃止され，その後の財投は財投債を発行して資金需要に応

6　1991～1992年の郵貯シフトを巡って，マスコミは郵貯の存在意義を問う議論をしている。「特集　公的金融システムの見直し」では，「肥大化した財投システムの矛盾」と題して，本来民間が融資すべき大企業や住宅購入者への低利融資を財投機関が担っている現状を解明している。また，「郵貯と財投機関の何が問題か」という記事では，国民一般から郵貯利用者への所得移転が生じている現状を明らかにしている（『金融財政事情』1993年3月8日号，16-37頁）。『日本経済新聞』（1993年3月8日付け）では，「政策なき『公的金融』」という記事で，金利を民間に連動させても不動の人気を誇る定額貯金が「官民競争」の様相をいっそう激しくしている実態が描かれている。『日本経済新聞』（1993年3月28日付け）では，「前垂れ商法を徹底」として，郵貯のベテラン外務員の地域密着ぶり，個人事業主でもある「生涯局長」（特定郵便局長）の郵便・貯金・保険をフルに生かしたサービスなど，セールスの最前線が生き生きと描かれている。

じて金融市場から資金を調達する仕組みに改められた。

これにより，郵貯資金の全額自主運用が始まった。政策金利による収益保証（国債金利+0.2%）が約束されていた預託金から離れるとなれば，それに代わる収益性のある運用先を求めざるを得ない。今後は，収益性の低い国債への資金集中ではやっていけない。図表 2.2 のとおり，2001（平成 13）年以降，日本郵政公社は「財政融資資金預託金」の残高が急減（2002 年度末 177 兆円→ 2006 年度末 52 兆円）している。これに対応して，預託金利息（収益）も 4.7 兆円強から 1.3 兆円弱へと激減している。預託義務がなくなった分郵貯資金は有価証券で運用することになり，同時期に有価証券は 90 兆円から 165 兆円に増大しているが，その利息配当金は 1 兆円前後でほとんど伸びていない。預託金の相当分が財投債（国債）に置き換わり，それが低利回りをもたらしているのであろう。有価証券利回りは 1%にも届いておらず，預託金利回りの 2%を大きく下回っているからである。郵貯は自主運用とい

図表 2.2　公社時代の銀行事業の業績

科　目	特別会計	公　　社				傾向
	2002	2003	2004	2005	2006	
経常収益	―	5 兆 8,714	4 兆 0,989	4 兆 5,315	3 兆 5,315	●
うち資金運用収益	6 兆 2,538	4 兆 5,894	3 兆 8,229	3 兆 1,341	2 兆 8,167	●
うち預託金利息	4 兆 7,083	3 兆 7,125	2 兆 8,218	1 兆 9,438	1 兆 2,729	●
預託金利回り	2.44%	2.25%	2.08%	1.99%	1.97%	●
うち有価証券利息配当金	1 兆 2,228	8,578	9,694	1 兆 1,514	1 兆 4,901	△
有価証券利回り	1.55%	0.81%	0.78%	0.80%	0.93%	△
経常費用	―	3 兆 6,006	2 兆 8,754	2 兆 1,997	2 兆 0,815	○
うち営業経費	―	1 兆 0,538	1 兆 0,039	9,798	9,941	○
経常利益	―	2 兆 2,707	1 兆 2,235	2 兆 3,317	9,773	●
当期純利益	1 兆 7,303	2 兆 2,755	1 兆 2,095	1 兆 9,304	9,406	●
総資産額	285 兆 7,077	280 兆 5,530	264 兆 8,649	247 兆 7,497	231 兆 6,268	●
うち財政融資資金預託金	177 兆 3,200	156 兆 0,954	117 兆 6,119	79 兆 8,969	52 兆 2,435	●
うち有価証券	90 兆 1,071	109 兆 1,605	132 兆 5,461	152 兆 2,415	165 兆 0,165	◎
負債額	282 兆 5,851	276 兆 8,866	259 兆 5,927	240 兆 7,711	223 兆 2,137	◎
純資産額	3 兆 1,225	3 兆 6,663	5 兆 2,721	6 兆 9,786	8 兆 4,144	◎

（注）傾向は，◎積極傾向，○比較優位，△好転，●悪化という引用者の評価。
（出所）会計検査院［2016］53 頁，表 3-26 により作成。

う自由を得た代わりに，運用すべき有価証券の多様化を図るなど自己の才覚で収益力を強化しなければならなくなった。長年続いてきた好循環（定額貯金の強い集金力→預託金の高い政策金利→高利息の定額貯金）が，一転してじり貧（自主運用の結果としての低利回り→低利息の定額貯金→集金力の低下，貯金の流出）になる恐れが出てきたということである。

すでに触れたように，2001 年は受入郵便物数がピークの年であった。その前後の時期を見れば，わが国のインターネット普及率（利用人口割合）が，1997 年の 9.2%から 2005 年の 70.8%へと，著しい伸長を遂げている（総務省［2009b］1 頁)。「いつでも，どこでも，どこにでも」情報を届けるという郵便の機能が，ICT（情報通信技術）によって易々と代替されていったのである。他方，財投改革の一環として 2001 年に実施された預託金の廃止は，郵貯の経営に大きな衝撃をもたらした。融資機能を持たない郵貯にとって有価証券運用益が唯一の主要な収益源となるが，不良債権処理が深刻になる 1990 年代後半以降は超低金利政策が展開され，厳しい運用難に見舞われる。このように郵便と金融のいずれにおいても逆境に遭遇し，ビジネスモデルの抜本的な見直しが必要であったことが，後になればよくわかるのである。

2 日本郵政公社の成立

2.1 行政改革会議の政策思考

郵政民営化が政治的課題として浮上してくるのは，橋本龍太郎政権下での行政改革会議であった。1996 年 11 月に行政改革会議が発足するや否や，先駆けて議論を積み上げてきた行政改革委員会の報告書『行政関与の在り方に関する基準』が総理に提出された。これは，行政改革を考える際の「万能の料理包丁の役割」（行政改革委員会事務局編［1997］前書き）を果たしたとされる。そこで，同報告書が展開した論理を見ておこう。

まず，その時代認識である。「1970 年代半ばまでの欧米先進諸国へのキャッチ・アップ過程においては，政府は『追いつき追い越せ』をスローガンとして，生産・供給面に重点を置きながら，経済活動に大きく関与してきた」。

しかし，戦後50年経った今日のわが国は，「世界のトップレベルの経済力を備えたフロント・ランナーになるとともに，国際化や国民ニーズの多様化が進展し，行政の果たすべき役割は大きく変化した」（行政改革委員会事務局編［1997］5頁）。それゆえ，これからは行政の役割を抑え，市場原理の活用を積極的に行うべきだと強調する。「市場原理は，競争を通じ，『機会均等の原則』を満たすだけでなく，『効率的な資源配分』と『創造性の発揮，活動の改善などのインセンティブ（誘因）』を提供する能力を持つ極めて優れた仕組みであると言える」。もちろん，「市場の失敗」が起こらないとも限らないので，「行政には，市場を補完してこれらの市場の失敗を是正し，効率的な資源配分と公平な所得配分を実現するものとして一定の役割が期待されている」。だからといって，これまでのように行政の過剰な関与は控えるべきである。なぜなら，市場の失敗だけでなく，「行政にも様々な『政府の失敗』が指摘されている。例えば，行政は，組織と権限を拡大するのではないか，既得権益を擁護するのではないか，責任が追求されることを回避するために情報を秘匿するのではないか，縦割り組織により全体の整合性が喪失するのではないか，また，政府には，破産が想定されていないため，行政が無原則に拡大するのではないかということが挙げられる」（行政改革委員会事務局編［1997］6-7頁）と，このように「政府の失敗」に警鐘を鳴らしている。

公平性の確保策としてなされるユニバーサルサービスについては，次のように言う。「ユニバーサル・サービスは，地域間の所得再配分効果を持つ施策の一例であるが，これについては民間による供給を原則とする。止むを得ず行政が直接供給する必要がある場合は，民間ではできない理由を説明するとともに，当該供給がナショナル・ミニマムの確保のために最小必要限であることを説明する。これに加え，数量的評価を導入することとし，また，可能な限り補助を外部化する。補助を外部化できない場合は，事業別・地域別収支に関する情報などを提供して実質的な内部補助額を明らかにする」（『行政関与の在り方に関する基準』17頁）としている[7]。そして，次の3つを，

7　行政改革委員会事務局編［1997］では，ユニバーサルサービスについて次のような論点を挙げている。①事前的な参加機会の制限がきわめて少なくなっている現在の状況では，『すべての国民にあまねく公平に』というユニバーサルサービス（事後的にみて共通のサービスを同一の価格で提供）は，その社会的意義が低下し，必要がない場合も多い。②ユニバー

行政関与の在り方を見直すにあたっての基本原則と唱える。A)「『民間にできるものは民間に委ねる』という考え方に基づき，行政の活動を必要最小限にとどめる」，B)「『国民本位の効率的な行政』を実現するため，行政サービスの需要者たる国民が必要とする行政を最小の費用で行う」，C)「行政の関与が必要な場合，行政活動を行っている各機関は国民に対する『説明責任(アカウンタビリティ)』を果たさなければならない」(行政改革委員会事務局編［1997］7-8 頁）ということである。

このような検討を経て橋本政権に課せられた行政改革は，肥大化・硬直化し，制度疲労のおびただしい戦後型行政システムを根本的に改め，自由かつ公正な社会を形成し，そのための重要な国家機能を有効かつ適切に遂行するにふさわしい，簡素・効率的・透明な政府を実現することにあるとされた。それは具体的には，①内閣・官邸機能の強化，中央省庁の目的別再編，②行政情報の公開と国民への説明責任，政策評価機能の向上，③官民分担の徹底による現業の大幅縮小や独立行政法人制度の創設により，行政を簡素化・効率化することを目指すというものである。このような行政改革を，プライマリーバランスの黒字化を目指す財政構造改革（1997 年法制化）や，金融のグローバル化・自由化を図る金融システム改革（1998 年法制化）とともに進めていこうということである。

そのために，(官僚を除く）学界・財界・労働界・マスコミからなる有識者による行政改革会議を設置し，郵政事業についてもアウトソーシングすべき現業部門の１つとして議論された。その『中間報告』(1997 年 9 月 3 日）では，次のような制度設計が示された。

まず，金融２社は民営化という判断である。ただし郵貯は条件整備が必要という。これは郵貯資金の資金運用部への預託が廃止されたとしても，当面

サルサービスについては，民間だからといって実現できないものではない。ユニバーサルサービスを実現してこそ，消費者から支持され，需要が拡大し，市場メカニズムの中でも実現されうるものもある。③ユニバーサルサービスは，価格政策を通じた地方住民への所得の再分配である。しかし，価格政策としてのユニバーサルサービスの必要性については疑問が生じている。また，総生活コストの比較を考慮すれば，地方住民の全てが所得再配分を必要としているわけではない。④ユニバーサルサービスについては，コストを明らかにして，それを負担する意思があるかどうかを問わなければならない。そのため，ユニバーサルサービスを維持することの（社会全体にとっても）コストを明確にすることとし，内部補助は極力避け，基金や補助制度を用いるべきである（106 頁)。

は国債の大量保有状態が続くであろうことから，直ぐに民営化することには大きなリスクが伴う。そのため，民営化に向けた準備が必要だということである。民営化までの間は貯金に政府保証があるため，郵貯に過度な集中が起こらないよう金利を引下げ，貯金獲得を奨励する報奨金制度は廃止するなど，民業圧迫に対する配慮を行うということである。郵便事業は遠からずシュリンクしていくであろうから，郵便局をワンストップ行政サービスの拠点として活用するということなら，国営で行うことを認めている。行政サービスを事業に取り込むことで経営効率を高める考えである。ただしその場合も，納税する代わりに国庫納付金を納付することにしている。

●行政改革会議『中間報告　平成９年９月３日』(抜粋)

(2) アウトソーシングの方針
○現業
①郵政三事業
郵政三事業については，すべて民営化すべきであるとの意見もあったが，論議の結果，実現可能性及び民営化へのプロセスのあり方にも配慮する必要があり，また郵便局のネットワークの活用を図ることも必要である等の観点から，当面，次のようにすることが合意された。
ア）簡易保険事業は民営化する。
イ）郵便貯金事業については，早期に民営化するための条件整備を行うとともに，国営事業である間については，金利の引き下げ，報奨金制度の廃止等を行う。
ウ）資金運用部への預託は廃止する。
エ）郵便事業は，郵便局を国民の利便向上のためのワンストップ行政サービスの拠点とするなどの変更を前提として，国営事業とする。
オ）国営事業であるものについては，国庫納付金を納付させる。
カ）国営事業として残るものについては，総務省の外局（郵政事業庁）として位置付ける。

(出所) https://warp.ndl.go.jp/info:ndljp/pid/284573/www.kantei.go.jp/jp/gyokaku/0905nakaho-30.html（アクセス 2023/02/07）；飯島［2006］219-220 頁。

だが，この『中間報告』に対する自民党内の反発は強く，皆現状維持の方向を唱えたという。『中間報告』は，後の「4 機能分社化（リスク遮断）」に通じる考え方で，政官界にはあまりにも大胆な改革案だったようである。その後 42 回に及ぶ行政改革会議を経て，『最終報告』に向けた調整が重ねられた。その結果，「郵政三事業は３事業一体として国営とするが，５年後には郵政公社に移行する。職員の身分は国家公務員とするものの，事業運営にあたっては予算・人事などに弾力性と自律性を与えるとともに，企業会計原則を導入，情報公開，成果の評価を徹底することにより効率性，透明性の向上を図る。つまり国営だが，民間的手法を導入して，民間に勝るとも劣らぬ経営成果を求める」というものであった（飯島［2006］223頁）。資金運用部への預託金は廃止し，郵便事業への民間企業の参入については，具体的条件の検討に入るといった内容であった。

この『最終報告』が，中央省庁等改革基本法の第33条に書き込まれ，1998年6月に同法が国会で成立した。2001年4月，小泉純一郎総理が誕生したとき，その所信表明演説で小泉は，「郵政3事業については，予定通り03年の公社化を実現し，その後の在り方については，早急に懇談会を立ち

●行政改革会議『最終報告　平成9年12月3日』（抜粋）

2　減量（アウトソーシング）の在り方
(1)　現業の改革
②郵政事業
ア　郵政3事業一体として新たな公社（郵政公社）とし，法律により，直接設立する。
　(5年後に郵政公社に移行)
イ　新たな公社とすることにより，以下の点を実現する。
　a 独立採算制の下，自律的，弾力的な経営を可能とすること。
　　(事前管理から事後評価への転換)
　　・主務大臣による監督は，法令に定める範囲内に限定。
　　・予算及び決算は，企業会計原則に基づき処理するとともに，国による予算統制は必要最小限（毎年度の国会議決を要しない）。
　　(年度間繰越，移流用，剰余金の留保等を可能)
　　・中期経営計画の策定，これに基づく業績評価の実施。
　　(経営に関する具体的な目標を設定)
　　・これらにより，民営化等の見直しは行わない（国営）。
　b 経営情報の公開を徹底すること。
　　・財務，業務，組織の状況，経営目標と業績評価結果など経営内容に関する情報の徹底公開。
　c 職員の身分については，設立法により，国家公務員としての身分を特別に付与すること。
　　・団結権，団体交渉権を付与し，争議権は付与しない。
　　・一般職の国家公務員と同様の身分保障を行う。
　　・総定員法令による定員管理の対象から除外する。
ウ　剰余金の国庫納付については，その是非を含めて合理的な基準を検討する。
エ　資金運用部への預託を廃止し，全額自主運用とする。
オ　郵便事業への民間企業の参入について，その具体的条件の検討に入る。
カ　報奨金制度については，経営形態の見直しに併せて検討する。

（出所）https://www.gyoukaku.go.jp/siryou/souron/report-final/IV.html（アクセス2023/02/06）。

上げ，民営化問題を含めた検討を進め，国民に具体策を提示します」(5 月 7 日）と述べている。『最終報告』には，「民営化等の見直しは行わない」と書かれていたが，小泉は公社化を進めながらも，民営化をめぐる議論を行うのは何ら構わないとした。その議論は後述するとして，ここでは生田総裁による公社経営について見ていこう。

2.2 生田総裁による公社経営

中央省庁再編の流れを受けて，郵政省は，2001（平成 13）年 1 月自治省・総務庁とともに総務省に統合された。同時に総務省の外局に郵政事業庁がおかれ，郵政事業に係る現業の債権・債務がここに移管された。やがて 2003 年にはこれが日本郵政公社（2003 ～ 2007 年）に移管され，初代総裁生田正治（前商船三井会長）による公社経営が始まった。

生田は着任の挨拶で次のようなビジョンを掲げた。「(1）常に顧客の立場に立って考え，お客様により良い，より魅力的なサービスを提供すること」。「(2）郵便部門を黒字基調に構造改革し，総合的に公社として健全な基盤をつくること」。「(3）働く職員が将来展望と働き甲斐のある会社を築く」(『財界』編集部編［2007］82 頁）ことである。

(1）に関して生田が推進しようとしたことは，「脱・官業」をめざす意識と文化の改革である。「サービスする側，商品の提供側の論理から脱却するということです。今まで法律がこうなっています。何々省の通達がこうなっています，内規がこうなっています，したがってこれしかできませんと。今後はそうではなくて，やっぱりサービス業ですから，市場からものを眺めようということです」(『財界』編集部編［2007］25-26 頁)。このように言う理由は，次のことにあった。「ゆうパックというのは，もともとは重量によって料金が決まる仕組みなので集荷に大変不便，お客さまはもっと不便。さらに非常にサービス品質が悪くて，市場占有率も五・七％まで落ちていました」(『財界』編集部編［2007］338 頁)。これについて，「女性モニターの方から『もう利便性やサービス改善は頑張らなくてもいいじゃないですか。だって小包は民間宅配業者さんの方がズーット便利だからそちらを使えば十分だから』とのご発言がありました」(『財界』編集部編［2007］20 頁）と，自らが招いた耳の痛い現状に言及している。

この現状を，ヤマト運輸の小倉昌男（1971～1995年に社長・会長）はどのように見ていたのか。小倉は言う。「七〇年代半ば，宅急便を事業化しようというとき，私はまず『利用者は家庭の主婦』と定めました。〔……〕当時，小口荷物を全国に運ぶサービスというのは郵便小包しかありませんでした。けれども，郵便小包はサービスが悪かった。荷物を郵便局に出したあと相手先に届くのに数日かかる。また，荷造りも消費者の責任で行わなければならない。そのうえ価格体系も複雑でわかりにくい。こういった郵便小包のサービスの悪いところを，宅急便は全部『売り物』にしようとしたわけです。〔……〕売り手の立場からすると『一生懸命努力しますけれども，壊れることがあるかも知れませんから，すみませんけど荷造りだけはちゃんとしてください』とあらかじめ言いわけをしたくなります。〔……〕『プロなら壊さないように運べばいいでしょ』『荷造り必要だったら自分でしたらいいじゃないの』と。これが消費者の論理です。そう，経営において，売り手の論理は絶対に出してはいけない。それはただの言いわけにすぎない。そうした言いわけとは関係なく，結果として提供できるモノやサービスの水準で勝負が決まるのが市場経済です」。他方，「計画経済では，この『買い手の立場に立って考える』という経営の発想は出てきません。あらかじめ，何をどれくらいつくるのか，消費者の個別のニーズとは関係なしに決めてしまうからです。先ほど郵便小包の例を挙げましたが，郵便はもともと国営事業です。ですから，サービス業なのにもかかわらず，『買い手の立場に立って考える』という発想に欠けていた」わけです（小倉［2003］132-134頁）。利用者としての国民にとっては，ここでいう官業からの脱却こそ，民営化をめぐる一番の期待であった。

図表2.3は，日本郵政公社時代（2003～2006年度）の郵便事業の業績である。引受郵便物は2001年度がピークであり，2002年度を100とした場合，2006年度は86まで落ち込んでいる。封書・葉書等の減少に歯止めがかからず，これを荷物（ゆうパック，ゆうメール）のテコ入れで補おうと懸命である。郵便物の減少はインターネット（eメール）によってもたらされているが，その一方でネット上での通信販売が荷物需要の増大を招来している。

図表 2.3　公社時代の郵便事業の業績

年　　度		2003	2004	2005	2006	傾向
引受物数（百万通・個）	計	25,586	25,004	24,818	24,677	●
	指数（2002 年度=100）	(97)	(95)	(94)	(94)	●
	郵便物	24,888	23,574	22,743	22,359	●
	指数（2002 年度=100）	(96)	(91)	(88)	(86)	●
	うち封書	12,334	11,658	11,194	11,048	●
	うち葉書	11,029	10,575	10,266	10,027	●
	荷物	698	1,429	2,074	2,317	◎
	指数（2002 年度=100）	(157)	(323)	(469)	(524)	◎
収益	郵便物（億円）	1 兆 7,127	1 兆 6,070	1 兆 5,200	1 兆 5,063	●
	荷物（億円）	1,686	2,345	3,052	3,239	◎
利益	郵便物（億円）	615	291	167	348	●
	荷物（億円）	10	81	70	18	△
総資産額（億円）		2 兆 3,103	2 兆 2,489	2 兆 1,910	2 兆 2,696	−
負債額（億円）		2 兆 8,415	2 兆 7,570	2 兆 6,958	2 兆 7,732	−
純資産額（億円）		▲ 5,518	▲ 5,235	▲ 5,214	▲ 5,197	△

(注) 傾向は，◎積極傾向，○比較優位，△好転，●悪化という引用者の評価。
(出所) 会計検査院［2016］表 3–13（37 頁），表 3–15（40 頁），表 3–16（42 頁）により作成。

(2) に関して生田が推進したかったことは，公社の「秩序ある自由化」(『財界』編集部編［2007］290 頁）に対する対外的な理解である。図表 2.3 に見られる郵便事業の累積赤字（純資産額のマイナス）は郵便小包における長年の競争劣位によって生じたものだが，これを補ってきた信書市場の独占的高収益も既に過去のものとなっている。「先進国共通の問題ですが信書の部分で e メールとの競争があり，年率三％くらい減ってきているんです」(『財界』編集部編［2007］26 頁）と，生田は厳しい現実を訴えている。にもかかわらずユニバーサルサービスの提供義務を負っており，それゆえ免税特権を享受しているのである。イコールフッティングの観点から，公社の免税特権や預金保険免除を指して，「見えない政府保証」といった議論があるが，それとユニバーサルサービスの負担や新規事業の規制は「コインの両面」であり，それでバランスが取れているのである。生田はこの論理を使って，小泉総理がこだわりを示していた信書便の新規参入[8]に反対するとともに，ビジネスモデルの制約も早々に解いてもらいたい，そういう「秩序ある自由化」を望むと論じたのである。ユニバーサルサービスといった公平性と企業としての効率性とのバランスについて，「僕は両立すると思っています。また両立させるべきだ」（『財界』編集部編［2007］24頁）と，生田は主張する。

(3) に関して生田が推進しようとしたのは，特定局長をマネジメントシステムへ組み込むことである[9]。「特定郵便局長の中には，極めて真剣且つ誠実に，献身的に本当に涙ぐましいほど地域と共生し，地域に貢献していて，営業力もある，誠に立派な局長がいっぱいいます」が，「特定局の組織は制度疲労」を起こしており，これを「現在の常識レベルに近代化」しないと，「母体である事業自体の企業性の維持を困難にしていきます」。「約一万九千の特定郵便局に関して郵便局会社の経営が実質的な人事権と直流型の指揮命令権を持たなくてどうやって適正な経営が出来るでしょう」（『財界』編集部編［2007］342-349頁）と，問題点を指摘している。そのうえで，①本当に適正な局長の公募採用，②支社長による郵便局長の任命権の実質的行使，④特定郵便局長にも転勤を認めること，⑤コンプライアンス徹底のため局長が常に在局していること（年間五，六十日も留守にしないこと），⑥局長宅と

8　2001年小泉総理は，信書の集配事業への民間参入を認める信書法案を郵政公社関連法案に含めて成立させた。郵便のコアである信書集配事業に競争を持ち込もうとしたわけが，一般信書事業については参入条件に厳しいハードル（特に約10万本のポストの設置）が課されたため，民間事業者は参入しなかった。詳しくは，橋本［2011b］を参照されたい。

9　戦後，GHQの指揮下で，特定郵便局制度の近代化（＝民主化）が図られた。逓信省は，1946（昭和21）年には，「①女子も特定局長に任用できるようにした，②激化するインフレから生活を守り，かつ，集配局の従業員給与との均等を図るため，無集配局の人件費を直轄にした，③少額の手当支給のみで俸給が支給されなかった特定局長に対して，諸種の手当てを一本化し一般の俸給水準に近づけた。」1947年には，「④渡切経費と局長私金とを明確に区分して経理することにした，⑤特定局長の弁償責任制度を廃止した。」1948年には，「⑥局舎や敷地提供義務を廃止し，国が有償で借り入れることにした，⑦特定局長に切手の割引売渡を止め，切手を物品管理方式に改めた，⑧局長を公務員一般職の職員とし，任用年齢を二〇歳以上から二五歳（集配局長は三〇歳）以上に引き上げた」（井上・星名［2018］254-255頁；小川・高橋［1983］85-89頁）。このような改編を経て，「特定局の在り方を局長個人の資産と経営責任に負う明治以来の古い慣習を〔廃止して〕，特定局を郵政省の現業機関として明確に位置づけ，局長も公務員として処遇することにした」（井上・星名［2018］255頁）のである。

局舎の一体化にこだわらず，局舎は事業用途に則して適正配置ができること（必要な場合は局舎の買収交渉に応じること），⑦特定郵便局長の定年（再雇用）方式を他の一般職と統一すること等を，改善案として提起した。しかし，このような問題指摘と改善案は郵便局長会の理解と同意を得られず，現場との問題共有・問題解決は第2代の西川善文総裁に託された（第3章1.2を参照のこと）。

3 郵政民営化の制度設計論

2003年9月の自民党総裁選[10]において，小泉総理は郵政民営化反対の急先鋒と見られていた亀井静香議員に大差をつけて勝利した。総理はこれを機に，日本郵政公社の中期計画が終了する2007年から郵政事業（郵貯，簡保，郵便）を民営化するための改革法案を2005年に提出する，と所信表明で明らかにした。その議論は総理を議長とする経済財政諮問会議において行うこ

10 総裁選中の9月9日，橋本派で「郵政のドン」と呼ばれた野中広務が政界引退を表明した。これは，郵政民営化を掲げる小泉政権の勢いを食い止められずに終わった無念の引退であった。「野中によると，小泉政権が狙ったのは，実は七十年代後半から田中派，竹下派経世会がつくりあげてきた，大蔵省以外の省庁を通した日本の各業界を基盤におく政治を，ふたたび大蔵省（現・財務省）の手元に全て戻す，そのことによって，橋本派の息の根を止め」るということであった（大下［2019］343頁）。田中派以前の保守本流（宏池会・清和会など）は，大蔵官僚出身者が圧倒的に強く，加えて二世・三世議員が多かった。小泉総理は，福田赳夫（清和会）の秘書として政治家のキャリアを始めた三世議員で，大蔵族と見られていた。他方，田中角栄に始まる経世会は，地方からの積上げで国会議員になった「党人派」を中心とする政治勢力で，野中はこの流れに属していた。「野中からすれば，国政の場での議論を通じて決めた道路の建設を一方的に中止するとすれば，それは民主主義ではあり得ないということだ。道路は公共の財産であり，民間企業が管理すべきものではない」（大下［2019］346頁）と，高速道路建設を期待する地方の声を代弁している。不効率経営とファミリー企業の寄生，官僚の天下り等を道路公団民営化の大義にしているが，旧建設省の指揮下にあった道路特定財源（自動車関係諸税）を，民営化を通じて一般会計（大蔵省の予算権限下）に繰り入れることが，小泉らの主眼ではないかと論じている（大下［2019］342-346頁）。このような見方を援用すれば，郵政民営化とは，日本郵政公社から金融2社を独立民営化し，旧郵政省（総務省）の指揮下から財務省（金融庁）の管轄下へと移行させることが主眼であったと考えられる。表面的には，「官から民へ」という対抗軸で論じられるが，底流には「総務省から財務省へ」という対抗軸が働いていたとも考えられる。渦中にいた竹中も，このような考え方に言及している。「さらに重要なのは，銀行法や保険業法が適用されることによって，郵政の銀行・保険部門が金融庁の監督下に入ることだ。つまり旧郵政省の監督から離れることを意味している。これは，役所の縄張り問題そのものであり，徹底的な抵抗が予想された」（竹中［2006］156-157頁）。

ととし，その取りまとめ役を竹中平蔵経済財政政策担当大臣に委ねた。

竹中は，10月には経済財政諮問会議で，「郵政民営化の検討に当たってのポイント」をまとめて示した。それは，

①「官から民へ」の実践による経済の活性化を実現する「活性化原則」

②構造改革全体との整合性のとれた改革を行う「整合性原則」

③国民にとっての利便性に配慮した形で改革を行う「利便性原則」

④郵政公社が有するネットワーク等のリソースを活用する形で改革を行う「資源活用原則」

⑤郵政公社の雇用には十分配慮する「配慮原則」[11]

という5つの原則である。これが郵政民営化を議論する際の基本原則と位置づけられた（飯島［2006］233頁；竹中［2006］149-151頁）。

2003年11月には衆議院議員総選挙が行われ，与党（自民・公明・保守新党）が勝利を収め第2次小泉内閣が発足した。翌2004年には，経済財政諮問会議において，郵政民営化の制度設計に向けた議論が盛んに論じられた。経済財政諮問会議は，政府の政策全般を扱うが，そのメンバーは，総理を議長にして，福田康夫官房長官（4～8月），細田博之官房長官（8月～），竹中平蔵特命担当大臣，麻生太郎総務大臣，谷垣禎一財務大臣，中川昭一経済産業大臣（以上，政界），福井俊彦日本銀行総裁（金融界），牛尾治郎ウシオ電機会長，奥田碩トヨタ自動車会長（以上，財界），本間正明大阪大学大学院教授，吉川洋東京大学大学院教授（以上，学界）から成っている。財界・学界委員は竹中大臣と気心の知れた間柄（民営化推進論者）であり，この中では総務省（旧郵政省）を代表する立場にある麻生総務相だけが郵政民営化に懐疑的な姿勢を示していた。

小泉・竹中の考えは，先の行革会議『中間報告』の方向で固まっている。一言でいえば，「民でできることは民で」という基本哲学に立ち，簡保・郵

11 整合性原則は，「郵政の側から出るであろう政府助成の期待を戒めるもの」，「市場の中で自立することを厳しく郵政に求めるもの」である。また，資源活用及び雇用配慮原則は，雇用に関して「国鉄方式でなくNTT方式でいく」との考えである。全国郵便局長会や全逓・全郵政のような労働組合の抵抗を回避しようとしたものである。今後10年間で自然退職が7万人生じることから，その中で必要な合理化は可能であると考えたという（竹中［2006］152-153頁）。

貯を完全民営化（100％民有民営化）をめざすということである。それこそが道路公団等の特殊法人改革や財政投融資改革と整合的な構造改革の目標である。ただし，郵貯の即時民営化はリスクが大き過ぎるので経過期間をおいて行う。完全民営化に至るまでの国有民営の下では，民業圧迫が生じないように金融2社の経営自由化についてはある程度の制約を課す。この大筋は共有されていたが，小泉・竹中の立論が郵政事業の現実にどのような影響をもたらすのか，制度設計を固める前に確かめておく必要があると考えたのであろう。2004年の経済財政諮問会議において都合三回（2月17日，4月7日，8月2日）は，日本郵政公社総裁の生田を呼びだし，制度設計に関する所見を求めた。生田は総理の依頼により財界（大手海運会社）から招聘された経営トップであり，郵政民営化という方針に異論があったわけではない。だが，自ら経営にコミットしてみると，小泉・竹中のような組織外の者からは見えなかった景色が見えたのであろうか，諮問会議メンバーの進め方に対して真っ向から反論を唱え始めたのである。そこで生田の発言を跡づけながら，制度設計の論点を解き明かしていこう。

先ず，ユニバーサルサービスについての生田の認識から見る。

――「地方の地域住民がユニバーサルサービス機能というのを強く望んでいるということを，いろんな集会をやりましても大変強く訴えられますし，生活を見て，その必要性を自分の肌で感じる，こういうことでございます」。「彼らのいうユニバーサルサービスというのは，中心は郵便のことじゃないということが，私の新しい発見でございます。だれも郵便が来なくなるなんてことは考えていないんですが，要するにタンス預金，金庫代わりですね。一定額までは貯金しておきたい。〔……〕人口が希薄なところにはコンビニはない。〔……〕それから，万一に備えて家族のために一定額の生命保険だけかけておきたい。〔……〕生命保険でも300万円ぐらいですよ。一定額の生命保険がかかるファシリティは持っておきたい」（内閣府［2004a］）。

金融機関についてのユニバーサルサービスは海外諸国には見られない，という反論に対しては，次のように返している。

――「郵貯・簡保のユニバーサルサービスは，欧米にはないじゃないかという議論があると理解しております。これは欧米にはもともとないからであります。日本にはもともと大正時代からきちんとあったために，そのベースで社会インフラができているわけであります」。「民間が代わり得るじゃないかというご議論があります。〔……〕過疎地では金融機関の74%，生保機関の87%が郵便局であります。これはそう簡単に代われるものじゃありません」。「携帯やパソコンを利用する，あるいはコンビニに行けばいいじゃないかというご議論があります。〔……〕私自身，パソコンとか携帯は使いこなせません。〔……〕またコンビニは，ほんとの田舎にはありません」。「その実証例（法律で規制せずに経営者任せにした場合－引用者）はドイツであります。3万あった郵便局が1万2000まで減って国民的に非難ごうごうになって，そこで法律で歯止めをかけた。さらに一旦離してしまったポスタルバンクをまた子会社にして，郵便局を使用させたというようなことで，諸外国に例があるわけでありますから，これは生かしていただきたいと思います」。「4機能になったときに，郵貯・簡保・郵便，この3つは，やはり何らかの法的措置によって，ユニバーサルなサービス機能というのを義務づけていただく必要があるのだろうと思います」（内閣府［2004c］）。

このように，3事業一体でユニバーサルサービス（「全国あまねく利用できること」）の提供が重要であると論じる。4機能分社化（リスク遮断）という日本郵政グループの経営形態に対しては，次のように論じる。

――「政府がミニガバメントになっている，民は民でできるだけ市場原理になっていくとすると，その中間のやはり社会のセーフティネットとしての公という部分が私は絶対無視すべきじゃないし，できないと思います。もし，郵貯・簡保に対して単なる努力目標ということで置かれた場合に，経営者の立場としては，それに気を遣いつつも，最終的には，やはり資本の論理の使命感と誘惑には勝てないと思います。その結果として，郵貯・簡保を中心に郵便ネットワークの一部にほころびが出てきますと，結果としてネットはぼろぼろになるんじゃないかという気がします」。「よほど窓口会社に資本の力を背景に強い三事業への影響力を持たしておかないと，これを対等に置きますと，各事業会社が一部の郵便局は扱わない言うことが起こり，再び郵便ネットワークが期待（おそらく「解体」の間違い－引用者）危機に瀕することになり得るかと思います」(内閣府［2004a］)。

このようにネットワーク維持の観点から，制度設計に言及している。また，郵便局の実態からしても，金融2社の完全民営化が容易ならざることを指摘している。

――「24,700局ある郵便局のうち，19,000局が特定郵便局で，そのうちの80％は無集配局。この無集配特定郵便局のコストの60％を郵貯が，10％を簡保が負担している。郵便は30％しか負担していない。従って，郵貯・簡保を抜いてしまえば，現在の郵便局ネットワークは維持できない，もしくは大きな国民負担となると思う」(内閣府［2004b］)。

もしネットワーク維持のため内部補助がないのであれば，外部補助が必要になる。無集配特定郵便局については，21世紀政策研究所理事長の田中直毅（会議招聘者）も次のように言及している。

――「郵便局ネットワークについての現実と神話です。〔……〕無集配特定郵便局がどのように増えたのか〔……〕60年代の半ばから後半にかけては，年間およそ300局ずつ増えていったというのが現実です。無集配特定郵便局は，基本的な業務は簡易局と同じであります。貯金と簡保を扱う。〔……〕簡易局は事業量に対して対価が支払われるという仕組みですので，無集配特定局に比べ経済的です。(次に，配布資料に描かれた郵便局の地理的な－引用者）配置をご覧になっていただきます。大都市およびその周辺に集中的に配置されたことが明らかです。これは資金調達の任務が当時の郵便局にあったからであります。資金調達を目的にして配置を行い，それを財投の原資として使うというビジネスモデルが提示され，これに忠実に無集配特定郵便局が配置されました。特定局には集配局もございますが，これは道路網の整備等によりまして，合理化がなされているという事実がございます」。「こうしたなかで郵便局配置は，明らかに時代の要請と違ってきているわけです。永田町を中心にして，廃局になる郵便局は，過疎のところが中心になるという説が非常に濃厚ですが，実際には，現在の社会経済情勢の中で考えますと，もし民営化の後，廃局が起きるとすれば，それは大都市およびその周辺である可能性が非常に高いと言えます」（内閣府［2004a］）。

このように，郵便を主とする集配局と金融を主とする非集配局との違いが目立ってきていると指摘している[12]。生田による「郵便及び金融のユニバーサルサービス必要論→3事業一体での制度設計論」に対して，諮問会議メンバーからは多面的な反論があったが，これらを代表する日銀総裁の福井議員の発言を見ておくことにする。

――「私は郵政民営化なかんずく郵便貯金と保険の民営化というのは，国民経済的に見て，将来はダイナミックスを確立していく非常に重要な課題だと思う。つまり，国全体として資金の流れを大きく変えると。よりダイナミックに資源の再配分機能を我々は持とうというところに目的があるわけ

図表 2.4　民営化を検討する枠組み（コインの両面）

ユニバーサルサービス義務付けの範囲	郵便・貯金・保険 ←→ 郵便のみ
窓口会社と他事業会社の受委託関係	窓口利用義務 ←→ 契約自由の原則
窓口設置基準	現状維持（24,000局）←→ ミニマムアクセス
取扱商品・運用商品の範囲	現状維持 ←→ 拡大

公社に課されている制約・負担
- 郵貯預入・保険加入限度額（1000万円）
- 融資業務は原則禁止
- 出資規制
- 販売できる商品，運用対象を制限
- ユニバーサルサービス確保のための郵便局設置，運営
- 郵便の政策料金（定期刊行物や盲人用等）

公社に与えられている補助・特典
- 法人税等非課税，固定資産税の半額免除等の税制優遇
（中期計画終了後に国庫納付金一括納入制度あり）
- 預金保険料支払い免除
- 生命保険契約者保護機構への負担金拠出免除
- 郵貯，簡保への政府保証
- 郵便三事業兼営（民間銀行では認められない）

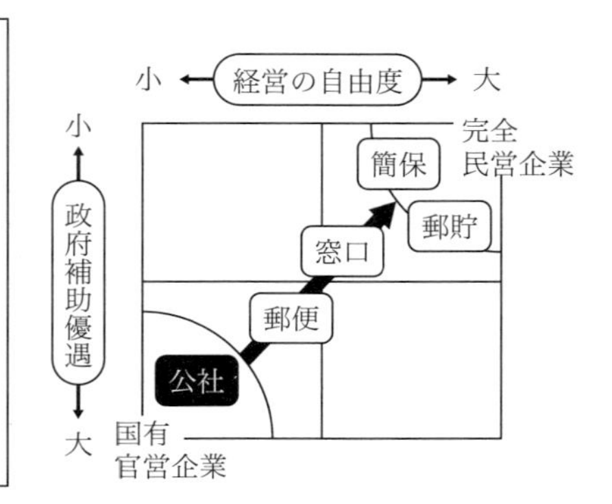

（出所）宇田［2004］；河内［2005］4頁，図2を参照して作成。

12　2005年度末で，普通局1,304局（うち集配局1,257局，無集配局47局），特定局18,917局（うち集配局3,438局，無集配局15,479局），簡易局4,410局という分布であった。

ですので，そういう観点から私は新しい郵政，特に郵便貯金と保険の事業がかなり大幅な経営の自由度，あるいは全面的な経営の自由度を持つというのはフルサポートしたい」。「一方で，ユニバーサルサービスについてだが，〔……〕新しい形のサービスを列島の隅々まで届ける〔……〕そこをユニバーサルサービスというルートに載せなければ，それが本当に実現できないのかという点に私は疑問を持っております。〔……〕民営化後の郵政の経営者が，むしろ今までの住民サービスの経験も生かしつつ，社会的責任をフルに発揮していくというリーダーとして歩んでいく道はないのかなという気がするぐらいでございます」。「なぜユニバーサルサービスという概念を入れることの矛盾を私が感じるかというと，それは経営の自由度ということと両立しない面がやっぱりあるんじゃないということでございます。ユニバーサルサービスというのは，最終的には法律によって国が保証するものですから，通常の民間金融機関が銀行法等に則って行政的なコントロールを受ける以上の様々な角度からのコントロールを受けるということにならざるを得ないと，こういうふうに私は思います。〔……〕それだけでなくて，やっぱり，そういう風に最終的に政府が何らかの形で責任を負い，あるいは負担を負ってでも，ユニバーサルサービスを貫徹してもらおうということになりますと，国民が新しい民営化された郵便貯金を見たときに，いわゆるデファクトな政府保証があるんだという感覚をどうしても引きずるのではないか。〔……〕そうなると新たに預入限度というものを厳しくしてでも，サイズの圧縮を図らなきゃいけないかもしれないとか，あるいは場合によっては業務の制限等を加えなければいけないというような，旧来からあるような議論に立ち戻るリスクがあると思います。全銀協が今の段階から預入限度の圧縮を図れとか，貸出業務について制限を設けろとかいう要望を入れておられるようですけれども[13]，多分そういう懸念もどこかにあってということではないかという気がしておりまして」

13　全国銀行協会［2001］は，「我々が考える郵便貯金の将来像　『民営化』の実現に向けて」を発表し，その中で郵貯の肥大化を可能にしているのが，政府保証という特典，納税免除などの隠れた補助金（1989～1999年で４兆8,139億円と計算）であり，これが金融自由化の妨げとなっているとしたうえで，郵貯の地域分割あるいは民営化の制度設計を論じている。当時の全銀協会長は，後に日本郵政社長になる西川善文であった。

（内閣府［2004c］）。

図表2.4に示されるような「コインの両面」論は生田の強調したい論理であろうが，ここでは福井がこの論理を逆手にとって，金融ユニバーサルサービス義務化論の自縄自縛を指摘している。さらに，経営形態と移行期間の関連について，福井はいつまでも移行期間を引っ張ってはならないと釘を刺している。

――「リスク遮断の問題を考えました場合には，経営形態について，しっかりとしたかんぬきが入っていなきゃいけない。〔……〕持株会社形式というふうなことがとられるとすれば，やはり2つの条件があり得るだろうと。1つは，持株会社は事業を営まない純粋持株会社であるべきだということ。2つ目は，仮にそういう形態をとっても，移行期間の最終段階では，少なくとも郵貯と簡保は独立の会社として市場に放出するという姿を明確に最初からビジョンとして持っているということが必要ではないか」（内閣府［2004c］）。

民間貸出しができる自由を得てゆうちょ銀行が普通の銀行に転換していくためには，移行期間には他事業とのリスク遮断を極力進めて，ゆめゆめユニバーサルサービス義務等を背負わないようにしておくことが必要である，ということを言っているのである。

諮問会議は以上のように議論を整理して，2004年8月6日に次のような「民営化基本方針の骨子」（右表）をまとめあげ，プレスリリースを行った。

右表の骨子に沿って詳細設計が行われ，2004（平成16）年9月『郵政民営化の基本方針』が閣議決定された。生田が力説したユニバーサルサービスについては，郵便事業においてのみ義務化され，金融についての義務付けは考慮されなかった。2007年に公社の民営化を行い，10年の移行期間を経て，遅くとも2017年には民営化を完成させる（基本方針では，金融2社の完全な民有民営化を必須とした）。また，郵便のユニバーサルサービスの維持に必要な援助は，金融2社からの内部補助を行うのではなく，別途優遇措置を考えるとしている（具体的制度化は第3章1節を参照されたい）。概ね，諮

●『民営化基本方針の骨子』(平成16年8月6日　経済財政諮問会議)

1. 郵政公社の民営化に当たっては，以下の3つの視点を重視する。
・経営の自由度の拡大
・民間とのイコールフッティングの確保
・事業毎の損益の明確化と事業間のリスク遮断の徹底
2. 2007年4月に郵政公社の民営化を行う。その後，移行期間を設け，遅くとも2017年には最終的な民営化の姿を実現することとするが，そこに至る具体的な工程については，さらに検討して早急に結論を得る。
3. 最終的な民営化の姿は以下のとおり。
(1) 持ち株会社を設置するとともに，郵政公社が担う4つの機能をそれぞれ株式会社(窓口ネットワーク会社，郵便事業会社，郵便貯金会社及び郵便保険会社）として独立させることを基本に調整する。
(2) 窓口ネットワーク会社は，3事業の窓口業務，地方公共団体の公共サービス，民間金融機関の業務を受託する他，小売・サービス等地域と密着した幅広い事業への進出を可能にする。また，住民のアクセスが確保されるよう設置基準等を明確化し，過疎地の拠点を維持する。
(3) 郵便事業会社は，郵便事業，国内外の物流事業を行う。また，ユニバーサルサービス義務を課すこととし，その維持に必要な場合には優遇措置を講ずる。
(4) 郵便貯金会社・郵便保険会社は，民間企業と同様の法的枠組みに定められた業務を行うこととする。また，新規契約分から政府保証を廃止し，預金保険機構・生命保険契約者保護機構に加入する。なお，リスク遮断の観点から，金融市場の動向も見極めながら実質的な民有・民営を目指す。
(5) 民営化前の政府保証が付いた郵便貯金・簡易保険については，何らかの形での公的な保有形態を考慮する必要があるが，その場合でも，管理・運営は新規契約分と一括して行うとともに，損益は持ち株会社に帰属させる。
(6) 地域の実情に合ったサービス提供を可能とするため，窓口ネットワーク会社を地域分割するか否かについて，さらに検討して早急に結論を得る。他の新会社を地域分割するか否かについては，新会社の経営陣の判断に委ねることとする。
4. ～5.(省略)
6. 民営化とともに，郵政公社の職員は，国家公務員の身分を離れ新会社の職員となるが，人材の確保や勤労意欲・経営努力を促進する措置の導入等，待遇のあり方についてさらに検討して早急に結論を得る。
7. 新会社は，移行期間の当初から，原則として納税等民間企業と同様の義務を負うが，同時に新会社の経営の自由度も民間同様となるように拡大していく。
8. ～10.(省略)

(出所) https://warp.da.ndl.go.jp/info:ndljp/pid/11670228/www5.cao.go.jp/keizai-shimon/minutes/2004/0806/item2.pdf（アクセス2023/02/07)。

問会議メンバーが当初から考えていた通りの制度設計になった。

4 制度設計の論点とステークホルダー

明治以来130年間郵便物を増やし続けた郵便事業，さらに戦後の財政投融資の主要財源となった郵貯事業，これらの大成功を収めたビジネスモデルが，世界的な技術変化（情報通信革命）と市場変化（金融自由化）に直面して転換点を迎えるなかで，郵政民営化という課題が浮上した。それは新自由主義を基本思考とする行財政改革の一環として，そして特殊法人改革・財政投融資改革と不可分な改革として提起された。

郵政民営化推進派の関心は，家計金融資産の16.9％（2002年，約233兆円）を占める巨大な郵貯の今後のあり方である。大蔵省への預託に頼らないで資金運用を行うには，多様な有価証券運用とともに，個人・企業への融資業務を営むことが不可欠である。だが後者のビジネスモデルを築こうとすれば官営のままでは難しく，経営の自由化を図るための「民営化」が不可欠となる。つまり，「預託義務廃止による金融収益の逼迫→新ビジネスモデル導入の前提となる経営自由化→4機能分社化をつうじた金融2社の完全民有民営化」という論理展開である。

これに対して，郵便局ネットワークで郵便・郵貯・簡保という3事業を全国あまねく提供してきた公社側は，これを遂行するための現実論として反論を試みた。生田が唱えた論理は，「情報通信革命による郵便（信書）事業の収益悪化→国内物流・海外物流への中期的な事業シフト→その間の金融2社からの財政支援（内部補助）→3事業一体の経営の維持」というものであった。その大義は，従来から行われてきた郵便・金融のユニバーサルサービスの維持である。

4機能分社化論者は，小泉総理が信書便法に強いこだわりを示したように，民間企業でも郵便のユニバーサルサービスを果たすことが可能と考えていた。したがって，郵便と金融2社とのリスクを遮断し赤字補填をさせないという立場をとっていた。そのようにした方が，郵便事業と内外物流事業の生産性向上が図れると考えていた。ただし，生産性向上を図る中で，どこまでユニバーサルサービスの質の低下が許容されるのかについては，利用者（国民）に一切問うていなかった。

他方，3事業一体論においては，金融2社の成長戦略の前提である経営自由化をどのように実現するのか，一切見通しが示されていない。たとえば，ゆうちょ銀行はメガバンク並みの資金規模をもちながらも，個人・企業への融資業務は許されていない。これが収益力劣位の主因であるが，郵便事業のユニバーサルサービスのために，いつまで融資業務を放棄するのか。3事業一体論によれば，民営化の着地点が明らかにならないし，もし金融2社に経営リスクが発生した場合には出口を失い行き詰まってしまう。いずれにせよ，目標達成時期が明示されない下では，経営の戦略的方向付けができない。

このような考え方の違いによるステークホルダーの対立構造を一覧にして示したのが，図表2.5である。郵政民営化を自らの使命と任じている小泉総理，総理から特命担当大臣に任じられた竹中が4機能分社化論のリーダーであったが，郵政民営化を自らの政治的信念としてきた自民党議員は必ずしも多くなく，むしろ小泉は松沢成文ら民主党改革派議員とともに郵政民営化研究を進めてきた。自民党内にはむしろ総理に対立する有力議員が多く，「郵政のドン」とよばれた野中広務議員，総裁選で総理の座を競い合い後に国民新党をつくった亀井静香議員，元郵政官僚で郵政改革案に腕を振るった長谷川憲正議員などが，小泉の郵政民営化反対の急先鋒となった。旧田中派を中心とする党人派の地方議員や，全国郵便局長会の支持を受けている自民党議員も同様の立場であった。このように自民党は，この政策に関する限り，真っ二つに分かれていた。他方，民主党も改革派議員は郵政民営化に賛同し，全逓・全郵政など労組の支持を受けた議員は3事業一体派に与するなど，政党として一つにまとまらなかった。小泉総理は，このテーマを唯一の争点とする「郵政選挙」を仕掛け，自民党・民主党の分裂・分立をうまく利用することで，自らも驚くような奇跡的結果をもたらしたのである。

国民の側もこの議論に何を求めるか，非常に難しい選択を迫られた。利用者としては利便性や低価格，全国一律サービスを期待するが，国有企業の所有者としては，新しい事業やサービスの創造を通じて企業価値向上に励んでもらいたい。総じて経営効率の向上に期待しているものの，従来の公平なサービス提供はできるだけ失いたくない。

図表 2.5　3事業一体論と4機能分社化論

	3事業一体論	4機能分社化論
官の役割 赤字策	ユニバーサルサービスの提供 →金融事業からの内部補助	民業補完及び民営化 →地域・社会貢献基金からの補助
着地点	3事業一体の継続	金融2社の完全民営化
ブレーン	総務省（旧郵政省）官僚	田中直毅・高橋洋一
国会議員	野中広務・亀井静香・長谷川憲正	小泉純一郎・竹中平蔵・松沢成文
政　党	自民党（党人派）・国民新党・新党日本・民主党（組合派）	自民党（大蔵族）・公明党・民主党（改革派）
官　界	総務省（旧郵政省）	財務省（旧大蔵省）・金融庁
経済界	日本郵政グループ	全国銀行協会，ヤマト運輸
経営者	生田正治（日本郵政公社初代総裁） 旧郵政官僚・全国郵便局長会（全特）	西川善文（日本郵政初代社長）
国　民	郵便・金融2社の利用者の立場　&　日本郵政グループ所有者の立場	

（出所）西垣［2013］；大下［2019］；西川［2011］；小泉・松沢［1999］等により作成。

なお，こうした一連の世論形成について，政府が示した民営化の意義（『だから，いま郵政民営化』）を掲載しておこう。後に検証されるべき，郵政民営化の論点となる。

こうした論点を掲げた郵政民営化法案は，2005（平成17）年7月5日の衆議院本会議で，「賛成233票，反対228票」で可決されたが，8月8日の参議院本会議では，「賛成108票，反対125票，棄権・欠席8」で否決された。現状の国会議員では決着がつかないとして，小泉総理は衆議院本会議を開き，国会の「解散宣言」を発した。これにより，このテーマに絞って国民を二分する「郵政選挙」がはじまった。郵政民営化への「抵抗勢力」が立候補する選挙区において，総理サイドが「刺客」を差し向けるという選挙戦が繰り広げられた。9月11日の衆議院議員選挙の結果は，郵政民営化を公約とする与党が327議席（自民296議席，公明31議席）を占める圧勝となった。9月21日には第3次小泉内閣が発足し，再び郵政民営化法案（開始時期を2007年10月に修正）が議会で投票にかけられ，衆参両院で可決した。このようにして郵政民営化法（関連6法案）が成立した。つまり，4機能分

●『だから，いま郵政民営化』（パンフレット『郵政民営化の基本方針』より）

郵政民営化が小泉内閣の進める改革の“本丸”であるというのはなぜでしょうか。

第一に，郵貯や簡保の資金は，これまで特殊法人の事業資金として活用されてきました。かつては重要な役割を果たしていた事業であっても次第に使われ方が硬直化し，国鉄や道路公団などに見られるように大きな無駄を生じさせ，結局国民の税金で補塡しなければならない例もありました。郵政民営化が実現すれば，350兆円もの膨大な資金が官ではなく民間で有効に活用されるようになります。

第二に，郵政民営化に対して，身近にある郵便局がなくなってしまうのではないかという心配の声をいただきます。かつて国鉄や電々公社が民営化されて，鉄道や電話がなくなったでしょうか。そんなことはありません。むしろ従来よりサービスの質が向上したり，代替するサービスが工夫されたりしています。全国に津々浦々に存在する郵便局のネットワークは，私たちにとって貴重な資産です。民営化すれば，民間の知恵と工夫で新しい事業を始めることが可能になります。

第三に，郵便，郵貯，簡保は，果たして公務員でなくてはできない事業でしょうか。郵貯は銀行が，簡保は保険会社が同じようなサービスを提供しています。宅配便や信書便ができて，郵便と同様あるいは郵便にないサービスを既に民間企業が提供しています。外務省の職員は世界各国の大使館員も含めて６千人，警察官は全国に24万人です。しかし，郵政公社には40万人の公務員がいます。郵政民営化が実現すれば，国家公務員全体の約３割をも占める郵政職員が民間人になります。

さらに，第四に，郵政公社は，これまで法人税も法人事業税も固定資産税も支払っていませんが，民営化され税金を払うようになれば国や地方の財政に貢献するようになります。また，政府が保有する株式が売却されれば，これも国庫を潤し財政再建にも貢献します。将来増税の必要が生じても，増税の幅は小さなものになるでしょう。

「民間にできることは民間に，行財政改革を断行しろ」「公務員を減らせ」と言いながら郵政民営化に反対というのは，手足をしばって泳げというようなものだと思います。

誰でも現状を変えることには抵抗感があるものですが，国民全体の立場に立って，郵政民営化に向き合っていただきたいと思います。

内閣総理大臣　小泉純一郎

（出所）https://warp.ndl.go.jp/info:ndljp/pid/8295038/www.kantei.go.jp/jp/singi/yuseimineika/pamphlet/0412/01.html（アクセス2023/02/07）。

社化の制度設計が支持を受けたわけだが，小泉総理自身がこの事態を「政界の奇跡」と評している（飯島［2006］281-286頁）。それほど，この選択は賛否両論の微妙なバランスの上に成立したものであり，その後の展開に動揺をもたらすものであった。

第3章
郵政事業改革の模索と現実

郵政民営化の制度設計は，4機能分社化を唱える竹中大臣と，3事業一体での経営を唱える生田総裁との間で鋭く対立した。政府は4機能分社化を盛り込んだ郵政民営化法案をまとめ，総選挙による多数派の形成を経て，これを国会で成立させた。2007（平成19）年，郵政民営化はいよいよ実施の段階に入った。日本郵政公社を日本郵政グループに改編するとともに，民間銀行経営者をトップに招いて，金融2社の完全民有民営化をめざす企業経営へと突き進んだ。1では，郵政民営化をめざす日本郵政グループの企業経営について論じる。2では，民営化プロセスを停止して，3事業一体の観点から郵政民営化の見直しを図った経緯について述べる。3では，復興財源確保法の後押しで進んだ郵政3社の株式上場と，その後の制度改編について述べる。4では，日本郵政グループの現状（2020年度末）について整理する。

1 郵政民営化の開始

1.1 4機能分社化の実施

郵政民営化法の成立を経て，2007年に成立した日本郵政グループの経営形態について述べておこう。まず全株式を政府が保有する純粋持株会社「日本郵政株式会社」を設立し，その下に郵政4機能を担う各社を配置するという仕組みをつくった。郵便事業は「郵便事業株式会社」が，郵便貯金事業は「株式会社ゆうちょ銀行」が，簡易保険事業は「株式会社かんぽ生命保険」が担い，郵便・金融等の窓口サービス事業については「郵便局株式会社」が担うという編成である。このように分社化したのは，各機能の自立（事業ごとの損益）を明確にするとともに，事業間のリスクを遮断することにあった[1]。

1　銀行法や保険業法では，その持株会社が事業を営むことのない純粋持株会社であることを求めている。持株会社の事業リスクが金融業務に悪影響を与えたり，持株会社の事業のた

もっとも，金融２社の窓口業務の大部分は郵便局会社に委託されており，金融２社から郵便局会社へ委託手数料を支払う仕組みであるため，この点からしてリスク遮断は容易ではない。しかし金融２社については，2017（平成29）年を終期とする移行期間中に全株式を売却するという着地点（完全民有民営化）が明確に法定されていたので，過渡的な姿としてこのような体制が認められたわけである。

民営化の先頭を切るゆうちょ銀行とかんぽ生命保険は，他社が特別法にもとづく特殊会社であるのに対して，業法にもとづく一般会社として発足している。民営化後の貯金や保険の新契約に伴うリスクに対しても，それぞれ預金保険機構や生命保険契約者保護機構に加入して備えを行っている[2]。ちなみに公社時代までの政府保証のついた預金・保険の旧契約は，それが解消するまでの期間は，独立行政法人「郵便貯金・簡易生命保険管理機構」に継承して政府が管理する。ただし，それらの満期・解約・払戻等の業務は金融２社に委託しており，金融２社の窓口業務は郵便事業と併せて各地の郵便局に業務委託を行う仕組みになっている（図表 3.1 参照）。

株式上場や業務規制にかんするスケジュールについては，以下の如くであ

図表 3.1　郵政民営化直後（2007.10 ～）の日本郵政グループ

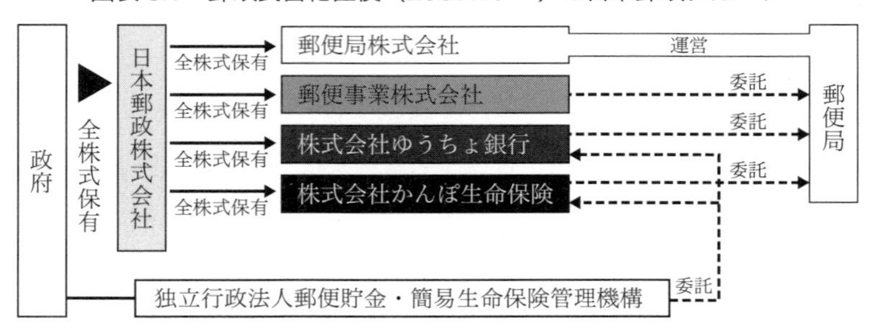

（出所）日本郵政ウェブサイト，https://www.japanpost.jp/corporate/milestone/privatization/index03.html（アクセス：2020/05/12）。

めに子会社である金融機関の信用を利用するというリスクがあるからである（郵政民営化委員会［2012］26 頁）。

2　民営化後の金融２社との契約には何ら政府保証はないが，日本郵政による株式保有が存在する限り政府保証が残存するという議論がある。これを「暗黙の政府保証」という。

る。まず政府所有の日本郵政株については，郵便事業におけるユニバーサルサービスの維持を考慮し，3分の1超の政府保有が義務付けられている（JTと同様である。NTTは3分の1以上の政府保有である）[3]。残り3分の2は，できるだけ早期に売却することが義務づけられているが，その期限は移行期間を過ぎても良い。日本郵政は郵便事業会社，郵便局会社の株式を100％所有し続けるが，ゆうちょ銀行，かんぽ保険の株式については移行期間中に全て売却することになっている。金融2社の業務範囲については，株式売却の程度に応じて段階的な拡大が認められる。具体的にいえば，郵便貯金には旧契約を合算した預入限度額（1,000万円）があるが，この引上げが株式売却の進捗に応じて認められることがある。むろん移行期間の終期を迎える前でも完全民営化が認められると，それと同時に企業または個人への融資など民間金融機関と同様の業務ができるようになる。

郵便事業会社は，郵便物の収集・配達について全国あまねく実施することが求められるが，小包については競争があるためユニバーサルサービスから除外された。第3種（新聞・雑誌等）・第4種（障がい者等）の郵便物については「割引き」を実施するが，必要があればこの社会貢献業務に対して「基金」から資金交付を行ってもよい。また，郵便局会社は全国においてあまねく郵便局が利用できるようにする義務を負うが，過疎地等の郵便局維持（地域貢献業務）のため，「基金」からの交付金が認められる。ここでいう「基金」とは，日本郵政が積み上げる「社会・地域貢献基金」のことであり，これは金融2社の株式売却益，及び配当収入の一部を原資として，最低でも1兆円まで積み上げることが義務づけられている（2兆円まで積み上げても良い）。この基金は，金融2社の事業コストとして積み上げるものではないという点と，完全民営化までの期間にしか積み上げられない点が特徴である。このように郵政民営化法においても，限定的とはいえ，「内部補助」（サービス間内部補助，事業間内部補助）によるユニバーサルサービス遂行のための施策（第7章第4節参照）が考えられていた。

3　「株式の3分の1超の保有」には，株主総会における特別決議（定款変更，事業譲渡，合併等の組織再編行為等の会社の基礎の変更，株式併合等の株主地位に係る事項，特定株主からの自己株式取得等の株主利害に係る事項等）を阻止できるという意義がある（会社法第309条第2項）。

以上のような制度運用を行ううえで，郵政民営化の状況点検や金融２社の業務範囲の拡大等に対して意見を述べる「郵政民営化委員会」（初代委員長:田中直毅）を設置して，日常のモニタリングと３年ごとの総合的意見の表明が法定されている。同委員会はすでに2006（平成18）年４月には設置されており，郵政民営化が始まる前から，この課題が負っている重みについて言及している。郵政民営化には，「①国民の便益の改善，②民間秩序の中への融解及び③10年以内における金融二社の株式完全処分という３つの条件が付されている。このいずれをも充足することには大きな困難が伴う」（郵政民営化委員会［2006］１頁）。便益改善に資する新規事業の範囲は，民間とのイコールフッティングに配慮したものでなければならず，それはまた株式処分の進み具合にも関わるものだからである。さらに郵貯・簡保の現状については，次のように説明している。「民営化後の金融二社については，その巨大な規模や全国的なネットワーク等から，強い競争力を有するという指摘があった。しかしながら，現在の郵貯・簡保は，政府保証の下で法定の業務を実施してきた結果，郵貯では定額貯金による調達と国債による運用に偏ることに伴う金利リスク，簡保では商品が養老保険に偏ることに伴う構造的縮小リスクを抱えている。また，リターンの面でも，郵貯では経常収益のほとんどが資金運用収益であり，簡保では過去に積み上げた追加責任準備金の戻入を除けば安定的な利益の計上が困難であるという偏った構造になっている」（郵政民営化委員会［2006］２頁）。このような金融２社の事業を，民間金融機関に相応しい収益性と成長性の見込めるビジネスモデルへと革新し，10年以内に株式完全処分を果たすのは確かに容易ではなく，金融ビジネスに通暁した経営者に大きな期待がかけられた。

1.2 西川社長による改革

小泉純一郎からの要請を受け2006年１月に日本郵政社長に就任した西川善文（前三井住友ファイナンシャルグループ社長，元全国銀行協会会長）であるが，その３年９カ月の在任中に，安倍晋三（2006年），福田康夫（2007年），麻生太郎（2008年），鳩山由紀夫（2009年）と，短期間に首相が次々と入れ替わり，そしてそれが日本郵政の経営に大きな影響を及ぼすとは思ってもみなかった。西川は自らの使命を，「資金の流れを官から民へと変えることで国民の資金を成長性の高い分野に集め，結果として日本経済の活性化や効率化をはかること」，もう1つは，「少子高齢化社会の到来によって先細りが懸念される郵政事業を，民営化で新規事業に参入できるようにし，国民の利便性を高めると同時に収益力を向上させること」[4]と認識していた。だがその経営は，「政治色が極めて強かった」ため，自らのビジョンに殆ど着手できないまま社長を退くことになる。

社長就任が決まった頃の西川は，「なぜもっと早く手を打っておかなかったのか」と，日本郵政について嘆息することが何度もあった。「やはり官の事業というのは，本質的なところで改革意欲や競争力強化という意欲が乏しい。というよりも意欲がわきにくい体質や構造があるのだった」。それは，「官の事業には退場がない」からである。それゆえ，「一人ひとりの能力では民間企業以上に優秀な人が少なくないが，組織になると危機感は薄まり動きが遅くなり，せっかくの能力が生かせないでいた」。その「一方で，日本郵政の社長に就任して，郵政が持っている『現場力』と『ネットワーク』のすごさを実感させられたことは一度や二度ではなかった」。「ご指名で『あの局長さんだから信頼して貯金や保険をお願いできている』〔……〕などという話を本当に多く聞くことができた。この郵便局への信頼は大きな財産だと感じた」。これを確信にして，「郵政がこれまで築いてきたネットワークの潜在力をフルに生かし，地方の要望に応えて日本全国どこでも同じような郵政サービスを受けられるユニバーサルサービスの新しいあり方を探るのも，民営化の趣旨だった」。このように，西川は4機能分社化の立場に立ちながらも，ユニバーサルサービスの創造的革新に意欲を燃やしていた。

2007年に第2代公社総裁に着任した西川は，現場力を存分に発揮させるよう意を注いだ。「選考任用」「不転勤」「自営局舎」という三本柱こそ郵便局の地域密着を担保するものだという全国郵便局長会（全特）の活動に対して，第2章2.2で述べたように，前総裁の生田は「近代化が必要」とこれを否定する立場をとった。また，小規模局を局長ネットワークの力で支える

4　このパラグラフと次のパラグラフにおける西川の発言はすべて，西川［2011］（222-233頁）からの引用である。

「部会」（中間組織）の持つ集団的機能を認めず，各県ごとに設置するエリア管理体制（単局視点の個別管理方式）に編制しようとしたため，郵便局改革が暗礁に乗り上げていた。これに対して西川は，「やはりいいところは率直に認めて，高いモチベーションの下で仕事をしてもらわなくては」（西川［2007］123頁）と，全国郵便局長会が従来から運用してきた「業務推進連絡会・部会」を廃止する代わりに，中間組織として新たに「地区グループ（10～20郵便局で構成）・地域グループ（10地区グループで構成）」を設置する提案を行った。これにより，中央からの通達などが，「本社→支社→地域グループ（→地区グループ）→郵便局」とスムーズに伝達されると同時に，これまで中間組織が果たしてきた相互応援・共助共援機能が担保されるようになる。郵便局の殆どは小規模局であり，病欠による代替要員確保も容易ではなく，新しい仕事の修得，業務の変更，そのための研修など，局単位では容易に進められない実情がある。このような実情を無視して本社・支社は山のような通達を出し，郵便局の現場ではそれが十分に消化できずにいた。これを従来は郵便局長会の力量のある先輩局長が「業務推進連絡会」という中間組織をつくり，地域ごとにサポート体制を築いていたのである。こういう良くできた仕組みは残して「地区グループ」とし，これを「地域グループ」とハブ・アンド・スポーク（自転車の車輪のような結びつき）で繋げば，有効な展開ができるようになる。たとえばスポーク店の郵便局で投資信託商品を望む顧客がいた場合，これをハブ店の郵便局に紹介すれば，そこできちんとした商品説明と購入の助言ができる（もちろんスポーク店の紹介実績も業績評価に含める）。西川は，このような現場の持つネットワークを価値ある財産とみなして活用しようとしていた（西川［2007］111-123頁）[5]。

郵政がネットワーク本来の力を発揮するうえで欠いていた基盤整備は，全銀システムという国内決済ネットワークへの接続であった。これが実現する

5　西川は，「私は民間企業の力の源泉は，まさに現場にあると考えています。お客さまのことを最もよく知っている人たちの協力がなければ，経営力を強化することはできません。〔……〕したがって私は，日本郵政グループの中でも，郵便局会社が最も鍵になる存在だと考えています」と，2007年5月20日の全国特定郵便局長会通常総会でスピーチを行った。すると，当時の高橋正安会長が「そういうことだから，みんなで一生懸命にやっていこう」と応えてくれた，と書いている（西川［2007］112頁）。

までは，顧客は郵便局の口座と民間銀行の口座を，それぞれ別個に管理しなければならなかった。郵便局のATM端末から民間銀行にある自分の口座残高を確かめたり，民間銀行口座に振り込んだりすることができなかったのである。また，独自のサービス機能の付いたクレジットカード・ビジネスは，全銀システムとの接続ができなければ始められない。接続における技術的な問題として，店番号と口座番号の桁数の違い（郵貯は13桁，全銀は10桁）があった。この問題は，郵貯の店・口座データを全銀システム側のデータに翻訳する形で解消が図られた。全銀システム側がこれに円滑・迅速に応えてくれたのは，ゆうちょ銀行の民営化が明確になっていたからであり，全銀協会長を2度も務めた西川が日本郵政社長に就任したからであろう。システム開発の期間を経て，この接続が実現したのは，2009年1月であった（西川［2011］235-236頁）。

次に西川が着手したプロジェクトは，調達の見直しである[6]。1つは，調達コストの削減と調達戦略の一元化である。競争入札形式での調達は良いとしても，部署や地域でバラバラに調達しており，アフターサービスや設備更新などのランニングコストには無頓着という状況があった。取引業者への発注内容を詰め切らないで「丸投げ体質」による発注をしていることが，高コストを招いていた。そこでベンチマークとなる調達価格と比較しながら，地道に調達コストを下げていった（西川［2011］239-242頁）。次に，顧客接点の一元化をめざしてコールセンターの一元化を行った。顧客の問い合わせや苦情をワンストップで受け止められるようにすることで，どのチャネルでアクセスしても同じサービスを受けられるようにした。第3に，ファミリー企業の見直しである。調達先の民間企業との間に挟まり，そこに介在するうま味を得ているのがファミリー企業で，これがコストを膨らませる要因になっていた。資本関係も明らかではない関連会社を「ファミリー」と呼んで，随意契約に基づく取引関係を繰り返し取り結んでいたわけだが，そうしたファミリー企業には往々にして郵政OBが天下っている。この場合，資本関係の有無を明確にして公正な一般取引に切り替えないと，コーポレートガ

6　公的セクターや病院等の非営利組織では，採算意識の低さから調達において甘いことが多いが，その見直しは経営再生における定石となっている。

バナンスが貫徹されず，責任ある経営執行ができない。

そういうことから，松原聡東洋大学教授を委員長とする有識者による外部委員会「郵政事業の整理・見直しに関する委員会」を設けて，調達先企業についての調査と整理・見直しに向けた提言を受けることにした。2007年4～11月の間に第三次まで報告が行われ，その中で，「民間企業の経営常識から大きく逸脱すると見られるもの」として，「形骸化した競争入札，多数のOBの天下り，特定局舎賃料の高止まり，公益法人による退職給付事業運営の不透明性などの様々な実態」（「第二次報告」）が明らかにされた。調査対象（2005年度）は219法人で，その総取引額は1,505億3,876万円，219法人に在籍するOB役員数は約400名，OB職員数は約1,600名であった。同報告を受けて，日本郵政は郵便の中核的輸送業務を担う31法人のうち15法人を1法人に統合して子会社化し，残り16法人は解散し人的関係を解消した。また，その他の法人については，取引比率の引下げ，人的関係の解消等，一般取引化に向けた取り組みを行った。「公正で透明性の高い取引関係を維持できるのでさえあれば，OBが何人いようがかまわないので，そうした取引関係に変わることこそがOB福祉にもつながるのである」と西川は考えていた（松原［2007］；西川［2011］245-248頁）。

2007年10月，いよいよ日本郵政グループが発足した。新規事業への進出は以前ならば法律改正が必要だったが，民営化後は総務省の認可で可能になったので，経営の機動性が増すはずであった。10月，西川が早速着手したのが日本通運との戦略的提携であった。日本郵便「ゆうパック」には冷凍・冷蔵の配送体制が欠如していたが，日本通運「ペリカン便」にはそれがあった。だが「ペリカン便」も，「ゆうパック」と同様にシェア10数%と苦戦が続いていた。両者を統合してシェア向上を図ろうと，2008年6月に統合準備会社「JPエクスプレス」を設立し，2009年4月に統合を実施することになった。ところが2008年9月に発足した麻生内閣[7]の鳩山邦夫総務大臣は，「郵政が貪欲に名門企業の事業を呑み込む」といい出し，この案件を決

7　第2章3節で述べたように，経済財政諮問会議において麻生は総務大臣として参画し，常に公社総裁の生田をサポートして3事業一体経営を唱えた。郵政民営化の取りまとめ役の竹中と常に対立し，「あんたは霞が関に嫌われている。あんたが言うから，皆反対に回る」と官僚サイドの反発を口にしていたという（竹中［2006］165頁，191頁）。

裁しなかった。後任の佐藤勉総務大臣も決裁しなかったため，統合は遅れに遅れて2010年7月，JPエクスプレスに移籍させていたペリカン便事業を承継して，新たな「ゆうパック」事業がスタートすることになった。そこで大規模な遅配問題を引き起こすわけだが，これは「統合認可の遅れによる社員の研修の遅れ」（西川［2011］291頁）に起因していたと，退任後の西川は悔やんでいた。

政治家による経営介入は，かんぽの宿の売却[8]をめぐって一層あからさまに展開された。同案件は，福田内閣時代の増田寛也総務大臣が了承済みであったが，鳩山は，「出来レースに受け取られる可能性がある」と，すでに正当な手続きを経て決まっていた相手への一括譲渡案件を凍結すべく動いた。そして2009年2月に，この案件は凍結された。さらに鳩山は，東京中央郵便局再開発計画（後の「JPタワー」）についても，「文化財を保存せよ」との主張をし始めた。西川はこれらの問題に関する事情説明で2009年冒頭から33回も国会に呼び出しを受けた。それでも5月に指名委員会が西川の社長続投を決めると，さすがの鳩山も一連の紛糾の責任を取って大臣を辞任した。

西川は，「郵政民営化は郵政事業の公益性を打ち捨てるものではない。採算が合わないのはわかっているが，それは仕方のないことだという前提で，いかにユニバーサルサービスを守っていくか。それを実現するビジネスモデルを探し，構築することが郵政民営化のもう一つの重大な使命」と考えており，「都市部の特定局も含めた局舎配置の見直しと局舎用地の再開発による収益力の強化」（西川［2011］268頁）を，その切り札と考えていた。大都市でも普通局と特定局が効率的配置の検討もないままに開設されており，それらをある程度集約統合しても地域にとってさほどの不便でもなく賃貸料を大幅に減らせることがわかっていた。また，そうして集約化した郵便局が近隣の郵便物を集約すれば，その手数料収入だけで郵便局の家賃や人件費を賄えるような効果が生まれていた。「地方を守るために都市を効率化するとい

8　郵政民営化法では，メルパルク（郵便貯金周知宣伝施設）やかんぽの宿（簡易保険加入者福祉施設）について，日本郵政は民営化後5年以内（2012年9月末）に譲渡・廃止する義務を負っていた。

うモデル」を活用すれば，郵便局会社はユニバーサルサービスの原資を生み出せると考えていた。さらに，中央駅の傍の一等地にある中央郵便局について，高層ビルを核とする収益性の高い土地利用を行うならば，これも郵便局会社の収益安定とユニバーサルサービスの原資創造に繋がる。ところが西川がこのような経営を進める前に，2009（平成21）年9月民主党・国民新党・社会民主党の連立による鳩山由紀夫内閣が誕生し，10月には亀井静香郵政・金融担当相が西川に社長辞任の勧告を行う。

4機能分社化を制度設計の旨とする郵政民営化は，この時点でストップした。西川は経営の定石を進めているつもりであったが，それは政治色の強い改革であったため，これに異を唱える政治勢力が台頭した下では，前に進めることが一切許されなかった。

2 郵政民営化の見直し

2.1 郵政改革による見直し

西川が辞任勧告とともに亀井から受け取った「郵政改革の基本方針」の原案は，次のような6項目からなる簡潔なものであったが，その内容は郵政民営化の動きを封じる強力なメッセージと言うべきものであった。

●『郵政改革の基本方針』（2009年10月20日閣議決定）

1. 郵政事業に関する国民の権利として，国民共有の財産である郵便局ネットワークを活用し，郵便，郵便貯金，簡易生命保険の基本的なサービスを全国あまねく公平にかつ利用者本位の簡便な方法により，郵便局で一体的に利用できるようにする。
2. このため，郵便局ネットワークを，地域や生活弱者の権利を保障し格差を是正するための拠点として位置付けるとともに，地域のワンストップ行政の拠点としても活用することとする。
3. また，郵便貯金・簡易生命保険の基本的なサービスについてのユニバーサルサービスを法的に担保できる措置を講じるほか，銀行法，保険業法等に代わる新たな規制を検討する。加えて，国民利用者の視点，地域金融や中小企業金融にとっての役割に配慮する。
4. これらの方策を着実に実現するため，現在の持株会社・4分社化体制を見直し，経営形態を再編成する。この場合，郵政事業の機動的経営を確保するため，株式会社形態とする。
5. なお，再編成後の日本郵政グループに対しては，更なる情報開示と説明責任の徹底を義務付けることとする。
6. 上記措置に伴い，郵政民営化法の廃止を含め，所要の法律上の措置を講じる。

（出所）https://www.kantei.go.jp/jp/kakugikettei/2009/1020yuseikaikaku.pdf（アクセス2023/02/08）。

これを作成したのは郵政省出身議員の長谷川憲正（国民新党）だと西川は考えていた[9]。このうち項目2は，「郵便局ネットワークは，結局は公共機関として活用する」ということであり，項目3は，「政策金融をやるということ」，それを銀行法や保険業法を適用しないで特殊法人的な金融機関で行うということなので，「かつての財政投融資の復権にほかならない」。これは旧大蔵省出身[10]の齋藤次郎を後任社長に据えることと符合する。そして，原案の項目6には，「上記措置に伴い，郵政民営化法は，廃止する」と，ストレートに表現されていたという。西川は，「時計の針を逆回りさせてはユニバーサルサービスができなくなる事態になる」と考え，上記のように，「郵政民営化法の廃止を含め，所要の法律上の措置を講じる」と，書き換えをお願いしたという。その結果，「俵に足の指一本を残させた」（西川［2011］294-97頁）と述懐している。とはいえ，2009年10月，この内容は自身が目指してきた郵政民営化とは「大きな隔たり」があるとして，社長を辞任した。程なくして齋藤次郎社長が誕生した。他の民間出身取締役も大半が退任して，新任副社長4名のうち2名が官僚出身者になった（瀬戸山［2010］131頁）。日本郵政グループの「官営」が復活したと言ってよい。

続いて2009年12月には，前年度衆議院で否決された「郵政株式処分停止法」が成立した[11]。同法は，『郵政改革の基本方針』にもとづく新たな制度設計ができるまでは，日本郵政，ゆうちょ銀行，かんぽ生命の株式処分，およびメルパルク，かんぽの宿の譲渡・廃止をしてはならないとする暫定的な立法措置であったが，これにより郵政関連株式の上場・売却準備は凍結された。他方，郵政民営化委員会は，株式売却が凍結されている間ゆうちょ銀行等の新規事業は認められないとしており，新規事業への取り組みもストップした。

政府・与党は，郵政改革関係政策会議を中心として郵政改革について検討を行った結果，2010年4月に郵政改革関連3法案を閣議決定した。その理

9　長谷川憲正［2012］において，同議員は郵政改革法案作成に自ら加わったと述べている。また同書では，郵政改革法案の立場から，改正郵政民営化法の読み方を示している。

10　齋藤は元大蔵省事務次官であり，小沢一郎議員の盟友と言われる。

11　野党第一会派の自由民主党・改革クラブが本会議欠席のもとで，賛成多数（132：21）により可決した。

由は，「〔郵政民営化法の実施で，〕郵政事業の経営基盤が脆弱となり，その役務を郵便局で一体的に利用することが困難となるとともにあまねく全国において公平に利用できることについての懸念が生じている」からであるとしている（橋本［2010］14頁)。一元的対応が損なわれている事例として，①総合担務（外務職員が1日の勤務の中で郵便・貯金・保険の3業務を担当すること）が廃止されたことにより，配達途中の郵便集配社員に貯金の依頼等ができなくなったことが挙げられた。郵便事業会社は金融2社からの業務委託を受けていないからである。さらに，②郵便物の不着申告について郵便局に問い合わせても，配達を行っているのは郵便事業会社であるため要領を得ないこと，③運送事業の登録を受けていない郵便局会社の社員は小包の集荷ができず，機動的な集荷サービスが期待できなくなったこと等が，新たに生じた困難として挙げられた[12]。このような現場の混乱が強調され，郵便局会社と郵便事業会社の統合が必要であるとする新しい制度設計が唱えられた。

郵政改革法案では，郵便事業会社と郵便局会社を持株会社（日本郵政）に統合し，その下に関連銀行・関連保険会社としてゆうちょ銀行，かんぽ保険をおき，その3分の1超の株式を継続保有するという制度設計を唱えた。関連銀行・関連保険会社とは，日本郵政がユニバーサルサービスを行うために必要な法定組織であるが，ゆうちょ銀行とかんぽ生命はあくまで業務を自由に行いうる業法組織のままにしておいて，当該会社が日本郵政と代理店契約を結ぶものとしている。このような考えに至ったのは，郵政民営化法では，移行期間後の金融のユニバーサルサービスの確保について懸念が生じるためであるといわれる。民営化前は，郵便貯金法，郵便為替法，郵便振替法，簡易生命保険法にもとづき，それぞれが「あまねく」規定を持ち，ユニバーサルサービスが維持されてきた。郵政民営化に伴い，これら4法が廃止され，ユニバーサルサービスについての法律上の義務がなくなった。もっとも，金

---

12 これらは，現場では，次のように問題解決が行われた。①郵便局会社は，旧総合担務実施地域に所在する郵便局において担当社員を指定し，訪問金融サービスを実施した（2508局)。郵便事業会社の集配社員が貯金預かり要請を受けた場合は，郵便局に連絡し，郵便局会社が利用者宅を訪問するようにした。②受付は郵便局で行い，回答は責任ある対応が可能な郵便事業会社支店から直接回答することとした。③郵便局会社の新規業務として郵便事業会社の委託を受け，軽四輪車による集荷を開始したこと（17局）等の措置が取られた（橋本［2010］11-12頁)。

融2社の免許付与に当たり，移行期間（2007年10月1日～2017年9月30日）におけるサービス提供は義務づけられている。問題はその後のことで，移行期間終了後は金融2社が直営店のみで営業して，郵便局会社への業務委託がなくなるのではないか，という疑念が生じるということである。民営化直後に，ゆうちょ銀行233，かんぽ生命80の直営店を設置しているが，直営店では業務委託料および消費税の負担が必要ない分，それだけ採算が良い。金融2社の株主は，不採算地域における郵便局会社に対して業務委託を認めないだろう。政府は日本郵政に社会・地域貢献基金を設け，郵便局会社に地域貢献資金を交付することにより過疎地での金融サービスの確保を図るとしているが，その基金積み立てもどれほど確保できるかは金融2社の株式売却益や配当収入しだいであり，十分な基金確保が見込める保障がない。移行期間後の金融ユニバーサルサービスの確保について，このような懸念があるため，新たな制度設計に至ったという（橋本［2010］12頁）。

また，金融新規業務について認可制ではなく届出制でできるようにし，「政府の日本郵政の持株，日本郵政の金融2社の持株が2分の1になりしだい」規制の解除を図るとしている。さらに，郵貯の預入限度額を1,000万円から2,000万円に，簡保の加入限度額を1,300万円から2,500万円へと規制緩和するとしている。金融2社の完全民営化を拒否しながらも，大幅な経営自由化を図ろうとするもので，とくに預入限度額の引上げについては全国銀行協会等の民間金融団体から強い反発を招いている。それは「郵便貯金の肥大化を招き，民間市場への資金還流を通じて国民経済の健全な発展を促すという本来の改革の目的に反する」もので，こんなことなら全銀ネットへの加入について見直しも辞さないと全銀協は怒りを顕わにしていた（橋本［2010］21頁）[13]。

13　全国銀行協会（奥正之会長）は，「郵政改革関連法案の閣議決定について（2010年4月30日）」という声明を出した（https://www.zenginkyo.or.jp/news/2010/n3071/，アクセス2023/02/08）。そこでは，「民業補完の徹底」や「少額貯蓄手段の提供」等の目的・理念が何ら法定されていない中で，業務範囲を「届出制」でできるようにしたうえで，預金上限を預金保険上限を超える2,000万円にまで引き上げるなど，ゆうちょ銀行の肥大化を招来する制度になっており，「断じて許容できません」と強い口調で批判している。大塚耕平内閣府副大臣のヒアリング（第9回郵政改革関係政策会議，2010年3月9日）でも，全銀協はゆうちょ銀行の完全民営化を前提にして全銀ネットとの接続に協力したと述べ，民営化をせず官業のまま肥大化を進めるというのなら，うまく協力が進められないと述べている。

2.2 改正郵政民営化法による妥協

郵政改革関連3法案は，2010年5月衆議院本会議で可決したが，参議院では審議未了で廃案となった。同年7月の参議院選挙で「(与野党多数会派が衆参で異なる）ねじれ国会」が生じると，以降この法案の審議が進まなくなった。他方，東日本大震災の復旧・復興のための財源として政府保有の株式処分への期待が高まり，2011年11月に成立した「復興財源確保法」では日本郵政の株式売却代金も財源の1つに挙げられた（附則第14条)。こうした流れを受け，衆議院の郵政改革特別委員会理事（民主党，自由民主党，公明党）を中心として協議が行われた。その結果，郵政改革法案を取り下げて改正郵政民営化法を措置することが合意され，2012（平成24）年4月に可決成立した。同法施行と同時に郵政株式処分停止法も廃止され，これにより郵政事業の制度設計をめぐる膠着状態が解消された。

図表3.2には，郵政民営化法・郵政改革法案・改正郵政民営化法（=現行法）における主要事項の比較が示されている。旧法施行いらい5年間の試行錯誤を経て成立した「改正郵政民営化法」は，郵政民営化推進派と見直し派が互いに譲歩した妥協の産物である（橋本［2012］23頁)。では次に，その制度設計について特徴を見ていこう（図表3.3参照)。

第1は，日本郵政グループの再編である。まず，郵便事業会社と郵便局会社を合併して「日本郵便」とされたことである。これにより，日本郵政グループは5社体制から4社体制へと再編された。郵政改革法案に譲歩して，その経営形態案を認めたものである。なお日本郵便会社法第13条にもとづいて，日本郵便は，有価証券報告書に比肩するレベルの詳細な財務報告書類を総務大臣に提出するものとされた。

第2は，ユニバーサルサービスの範囲が金融業務にも広げられ，貯金・保険の基本的なサービスを郵便局で一体的に利用できる仕組みが確保されたことである。日本郵政と日本郵便は，「郵便の役務，簡易な貯蓄，送金及び債権債務の決済の役務並びに簡易に利用できる生命保険の役務を利用者本位の簡便な方法により郵便局で一体的に利用できるようにするとともに将来にわたりあまねく全国において公平に利用できること」(改正郵政民営化法第7条の2）が義務づけられた。一般に金融サービスは地域的偏在なく何れかの

図表 3.2　改正郵政民営化法等の主な事項別比較

事項	郵政民営化法 (2007年10月施行)	郵政改革法案 (2010年4月閣議決定)	改正郵政民営化法 (2012年10月施行)
定義	「郵政民営化の基本方針」(2004年9月10日閣議決定) に則して行われる改革	郵政事業に係る基本的役務が利用者本位の簡便な方法により郵便局で一体的に利用できるようにするとともに将来にわたりあまねく全国において公平に利用できることを確保するための郵政事業の抜本的な改革	株式会社に的確に郵政事業の経営を行わせるための改革
経営形態	〔5社体制〕日本郵政㈱—4事業会社 (郵便事業㈱，郵便局㈱，㈱ゆうちょ銀行，㈱かんぽ生命)	〔3社体制〕日本郵政㈱ (郵便事業㈱と郵便局㈱を吸収) —関連銀行 (㈱ゆうちょ銀行)，関連保険会社 (㈱かんぽ生命)	〔4社体制〕日本郵政㈱—3事業会社 (日本郵便㈱〔＝郵便局㈱＋郵便事業㈱〕，㈱ゆうちょ銀行，㈱かんぽ生命)
日本郵政出資	政府は日本郵政㈱の株式をできる限り早期に処分するが，3分の1超は継続保有	同左	同左 (郵政民営化法では努力義務であったが，義務になった)
金融2社出資	日本郵政㈱は金融2社の全株を2017年までに処分	日本郵政㈱は金融2社の株式の3分の1を継続保有，残りは処分	日本郵政㈱は金融2社の全株を目標に，できる限り早期に処分
金融USO	法的義務なくす	日本郵政㈱に法的義務付け	日本郵政㈱及び日本郵便㈱に法的義務付け
金融新規業務	総理及び総務相の認可制 郵政民営化委員会意見聴取 規制は徐々に解除，金融2社全株処分で規制解除	総理及び総務相の届出制 郵政改革推進委員会の意見具申 直ちに全面解除，ただし政府の日本郵政持株の2分の1までは届け出制	総理及び総務相の認可制 郵政民営化委員会意見聴取 日本郵政の金融2社の持株が2分の1処分後は届出制 (郵政民営化委員会へは通知等)，全株処分後の規制は全面解除
かんぽの宿	2012年9月末までに譲渡又は廃止	経営判断により保有可能	当分の間，運営又は管理可能
預入限度額	1000万円，金融2社の全株処分後は規制解除	2000万円，規制は恒久規制	当面は引き上げない，金融2社の全株処分後は規制解除
加入限度額	1300万円，金融2社の全株処分後は規制解除	2500万円，規制は恒久規制	当面は引き上げない，金融2社の全株処分後は規制解除

(注) 金融USO＝金融のユニバーサルサービス義務 (Universal Service Obligation)。
(出所) 橋本 [2012] 6頁，表1を改編して作成。郵政改革研究会 [2012] 114–129頁にも，同様な比較表がある。

図表 3.3　改正郵政民営化法のスキームへの移行

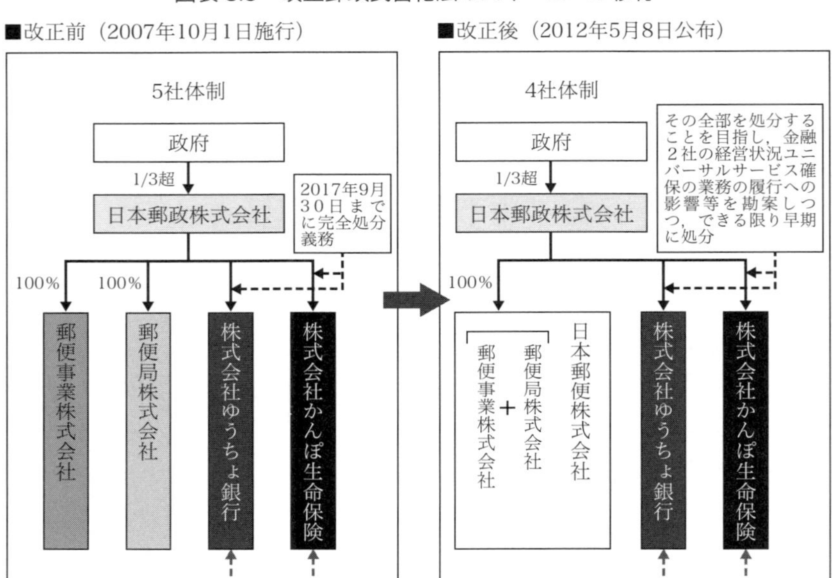

（出所）日本郵政ウェブサイト，https://www.japanpost.jp/corporate/milestone/privatization/index02.html（アクセス 2023/02/08）。

金融機関によって充足されており，これをユニバーサルサービスとして法的に義務づけるのは日本固有の方針である[14]。これも郵政改革法案に譲歩した点である。

第3は，金融2社の株式売却にかんするスキームである。郵政民営化法（旧法）では，金融2社の全株売却を10年間で行うとし，遅くとも2017（平成29）年には完全な民有民営を達成するという期限が明確になっていた。このスキームに変更が加えられた。金融2社の経営状況や，「郵便事業等に係る責務の履行への影響等」（金融も含むユニバーサルサービス提供にたい

14「世界各国において，銀行業務及び保険業務でユニバーサルサービスが法律上義務付けている例はない」と，政府は答弁している（郵政改革法案に関する質問に対する答弁書<内閣衆質第174第527号，平22.6.11>の「十九について」)。

して相応のコスト負担を行うことで郵便事業の採算が図れるようにすること）を勘案しつつ，「できる限り早期に処分する」こととなった。つまり改正郵政民営化法（現行法）では移行期限が廃止されたため，金融2社の民営化のゴールが見えなくなった。民営化が進まない間は，「暗黙の政府保証」が徒（あだ）となって民間並みの競争条件（ゆうちょ銀行であれば個人・企業への融資等）を確保できず，経営的隘路を歩むことになる。それでは魅力的なサービスの提供を妨げることになり，民営化の主眼であった利用者の利便性向上には繋がらないことが懸念される。

第4は，郵政民営化法では売却期限を有しなかった政府所有の日本郵政株式について，復興財源確保法の趣旨に沿って2022年を目標としできる限り早期に処分することになったことである。これによって日本郵政の政府持株は過半数を下回るようになるため，日本郵政グループにたいする一般株主の要望が強まり，企業価値向上に向けた経営努力が常に求められるようになる。

第5は，金融2社の持株を2分の1以上処分した場合に，認可ではなく届出によって新規業務に取り組めるようになったことである。もちろんその場合でも，他の金融機関への配慮義務（イコールフッティング），民営化委員会への通知義務は残るが，当初の郵政民営化法に比べるとかなり「甘い」規制になった。

このような妥協的法制化によって，郵政事業改革の制度設計をめぐる議論にはピリオドが打たれた。それは，3事業一体の経営を続け，郵便および金融のユニバーサルサービスを内部補助（地域間補塡・事業間補塡）をつうじて遂行する，というものである。かつて生田が唱えたあり方の追求であり，これを一般株主が増大していく日本郵政グループにおいて行うということである。つまり，民営化を通じて経営効率化の要請が強まる日本郵政グループが，グループの内部財源での補塡によりユニバーサルサービスの遂行を支えるということになったのである。

3 日本郵政3社の株式上場

3.1 復興財源確保のための株式上場

改正郵政民営化法が施行された直後の2012（平成24）年12月には，鳩山由紀夫・菅直人・野田佳彦と続いた民主党政権が終わりを告げ，衆議院選で自民党が圧勝して第2次安倍内閣が発足する。すると直後に日本郵政社長の齋藤が突然の辞任を表明し，政府と相談することなく後継社長に財務省出身の坂篤郎を登用した。これに対して菅義偉官房長官（西川社長在任中の総務相）は半年後に坂を更迭し，2013年6月の株主総会で西室泰三（東芝社長・会長，東京証券取引所会長，郵政民営化委員会委員長を歴任）を社長に就けた。西室は2014年2月日本郵政グループの中期経営計画を発表し，2015年秋に予定された株式上場に備える。これについて，安倍首相は次のように言及している。「郵政民営化は，民間に委ねることが可能なものはできる限りこれを委ねることが，より自由で活力ある経済社会の実現に資するとの考え方を基本にしています。これを実現するためには，株式処分により，極力国の関与を減らし，市場規律の下における公正かつ自由な競争を促進し，多様で良質なサービスが提供されるようにすることが重要であると考えています」(2014年3月28日参議院本会議)。この流れを受けて財務省財政制度審議会は，財務大臣に向けて「日本郵政株式会社の株式の処分について」という答申を提出している（2014年6月5日)。ここでは復興推進会議（2013年1月）で決定された日本郵政株式の売却目標（「4兆円程度」）をあげ，2022（令和4）年までに最大3回，概ね1回当たり1.3兆円強の財源調達を図れば，これが達成できると例示している。かくして第2次安倍内閣は，再び民営化推進へと舵取りを行ったのである。

西室は国際物流会社トール社（Tool Holdings Limited）の買収提携や2015年から始まる新・中期経営計画の作成を急ぎながら，2014年12月郵政3社の上場スキームについて公表した。その内容は，以下の通りである。①2015年半ば以降，日本郵政および金融2社の株式の同時上場をめざすこと。②金融2社の株式は，経営自由度の拡大やグループの一体性を視野に入れつ

図表 3.4　株式売出しのスキーム（実績）

種　類 （発行済み株式総数）(A)	売出比率 (B)	総売出株式数 (A×B=C)	売出価格 (D)	売出総額 (C×D)
日本郵政普通株式 (45 億株)	11%	4 億 9,500 万株	1,400 円	6,930 億円
ゆうちょ銀行普通株式 (37 億 4947 万 5000 株)*	11.01%	4 億 1,244 万株	1,450 円	5,980 億円
かんぽ生命保険普通株式 (6 億株)	11%	6,600 万株	2,200 円	1,452 億円

（注）* 発行済み株式総数は 45 億株だが，7 億 5052 万 5000 株の自己株式を保有している。
（出所）日本郵政資料，および大森［2015］138, 140 頁のデータより作成。

つ，まずは日本郵政の持株が 50％程度になるまで 3 ～ 5 年で段階的に売却し，届出制による経営の自由度を確保していくこと。③金融 2 社の株式売却収入は日本郵政グループの企業価値向上に活用していくこと。ただし今回は，日本郵政に資金的余裕があることから，金融 2 社の売却収入は日本郵政の自社株買いに充てることにした（大森［2015］137 頁；橋本［2015］25 頁）。

郵政 3 社の株式の売出しは，図表 3.4 のように，ブックビルディング方式で決定した売出価格で投資家への売却が行われた。上記のスキームどおり，ゆうちょ銀行株およびかんぽ生命保険株の売却代金は，日本郵政株（自己株式）の購入に充てたので，上記の売出総額合計の約 1.4 兆円（=6,930 億円+5,980 億円+1,452 億円）が政府の確保した金額となる。また，外部売却分相当の自己株式を日本郵政が取得しているので，政府（財務省）の日本郵政出資比率は 80.49％に下がっている。また，日本郵政のゆうちょ銀株の持株比率は 88.99％に，かんぽ生命株の持株比率は 89％に低下した。その分日本郵政 3 社に新たな株主が誕生し，郵政 3 社の経営に対して投資家目線からの市場規律の浸透が始まった。

約 2 年後の 2017 年 9 月，政府による日本郵政株の第 2 次売却約 23.6％（売却収入約 1.4 兆円）が行われ，残りは 56.9％となった（図表 3.5 参照）。ここから政府保有義務分を除いた残り 23.5％程度の第 3 次売却が，次に目指すところである。計画では 4 兆円を復興財源とする予定なので，1 株 1,103

円以上で売れないと目標が達成できないという計算になる。市場価格がこれを上回ることが期待されるが，それには日本郵政グループがそれ相応の成長戦略を描くことが重要である。日本郵政株は当初売出価格の 1,400 円から右肩下がりで下落を続けており，その 43.1%を保有する非支配株主は同グループに経営効率化を厳しく迫っている。

このような市場の圧力もあり，2018 年 12 月には，アフラック・インコーポレーティッド株の 7%程度を取得して資本提携を結んでいる（対価は約 2,700 億円）。この保有株は 4 年間保有すると議決権が 20%以上になるということであり，そうなれば持分法適用会社として日本郵政の利益に取り込める。アフラックの利益の 63%は今や日本であげられており，アフラックのがん保険は日本郵便が販売している（日本郵政グループ［2019 年度］40 頁）。他方，2019 年 4 月には，日本郵政がかんぽ生命株を 2 次売却で約 25%売却した（これにより日本郵政の持株比率は 64.5%に低下した）。1 株 2,375 円で売却して，日本郵政は約 4,100 億円（かんぽ生命自己株買い 924 億円を含む）を入手している（資料「日本郵政株式会社　会社説明会」2019 年 7 月，14 頁より）。この一連の取引を見ると，かんぽ生命の 25%を手放して，その代

図表 3.5　復興財源確保法にもとづく日本郵政株式の売却

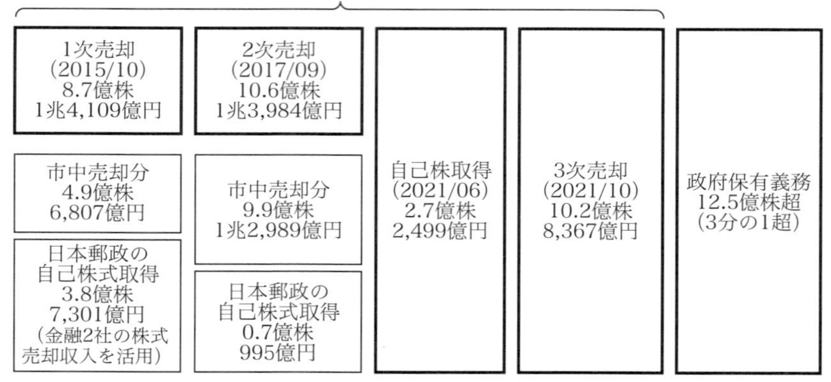

（出所）財務省「日本郵政株式の 3 次売却について」（令和 3 年 11 月 10 日）の解説図を改編。https://www.yuseimineika.go.jp/iinkai/dai238/siryou238-1.pdf（アクセス 2023/02/24）。

わりにアフラックの20%（4年後）を手に入れたと言えなくもない。

復興財源を充たすための日本郵政株の第3次売却は，2021年6月の自己株式消却を経て，ようやく10月に実施にこぎ着けた。売出価格は1株当たり820.6円，売却株数は10.2億株，ネット売却収入は8,367億円であった。財務省は，これにより累計4兆円という目標を達成できたとしている（図表3.5による合計額は約3.9兆円）。政府所有は，保有が義務づけられている「3分の1超」に落ち着いた。

3.2 限度額規制の緩和と交付金・拠出金制度

東証上場の鐘を鳴らした西室が2016（平成28）年3月に体調不良で辞任した後には，長門正貢（日本興業銀行常務執行役員，富士重工業副社長，シティバンク銀行日本法人会長を歴任）が日本郵政社長に就任した。株式上場により企業価値向上が求められるようになった日本郵政グループに対して，さっそく郵政民営化委員会（増田寛也委員長）から助け船が出された。ゆうちょ銀行の預金預入限度額の引き上げを是認する『所見』（郵政民営化委員会［2015］）の公表である。改正郵政民営化法の成立時点（2012年）では，預金預入限度額を「当面は引き上げないこと」と言及されていた。ところが民営化委員会は，「業務制限についてと同様，基本的には，郵政民営化の進捗に応じ段階的に緩和していくべきものと考える」（7頁）と従来の姿勢を軟化させた。その理由として，年金・給与等の振込，退職金，相続資金，保険金等の振込先や投資信託運用等の投資資金や満期解約金等の一時的受け皿として，「特に金融機関の店舗が少ない過疎地の高齢者に多大の不便をもたらしており，早急に規制を緩和する必要がある」（8頁）と述べている。そして「まずは引き上げ額を300万円程度とすることが妥当であると考える。その上で，他の金融機関等との間の競争関係やゆうちょ銀行の経営状況に与える影響等を見極め，特段の問題が生じないことが確認できれば，必ずしも株式処分のタイミングに捉われることなく，段階的に規制を緩和していくことが考えられる」（11頁）と，一段と経営自由化を進める姿勢である。全国銀行協会は，完全民営化へのインセンティブとして限度額規制があり，暗黙の政府保証がある下での限度額規制解除はイコールフッティングを損ねると反論したが，2016 年 4 月にはゆうちょ銀行の預金限度額（普通預金と定期性預金の合計額）が 1,000 万円から 1,300 万円へと引き上げられた。

代替わりした郵政民営化委員会（岩田一政委員長）も，『意見』（郵政民営化委員会［2018］）において，2016 年実施の預金限度額引上げについて，「総務省は，利用者利便の向上，郵便局の事務負担軽減などの観点から一定の効果があったと評価している」と，これを好感している。「他の金融機関等との間の競争関係」（いわゆる資金シフトの有無）や「ゆうちょ銀行の経営状況に与える影響」のいずれにおいても特段の問題が生じたとの報告は行われていないとして，それゆえ段階的規制緩和が適当と考えられるとしている（26–27 頁）。

全国銀行協会からのヒアリング等では，「地方の体力が弱った一部金融機関からの資金シフトを加速させ，信用不安の引き金になる」，「ゆうちょ銀行と民間金融機関との連携を阻害する」，「送金に係る手数料が安いゆうちょ銀行に法人利用が流れる」等の強い懸念が示された。また，「ゆうちょ銀行が進めている取り組み（貯金残高をコントロールしつつ国際分散投資を推進したり，つみたて NISA 等への投資を推進したり，地域金融機関との連携を強化したりすること）を大きく妨げる恐れがあるとの意見」も聞かれたとしている（29–30 頁）。だが，通常貯金と定期性貯金の限度額を別個に各 1,300 万円（合計すると 2,600 万円）とすることが適当であると判断し，2019（令和元）年 4 月からこれを実施できるように，政令改正を金融庁および総務省に求めた。なおその合計金額 2,600 万円は，郵政改革法案で恒久規制として掲げていた 2,000 万円を優に超えている。

日本郵政グループの経営に対するもう 1 つの助け舟が，2019 年 4 月から実施された交付金・拠出金制度である。郵便局ネットワークの維持支援のために郵政管理・支援機構が日本郵便に対して交付金を出すことになったわけだが，その原資はゆうちょ銀行およびかんぽ生命保険からの拠出金である。これまで日本郵便に対して支払われていた業務委託料のうち，郵便局維持に係る諸経費（人件費，賃借料[15]，工事費，現金輸送管理費，諸税）を拠出金

---

15 現在の「郵便局局舎の賃貸借契約」については，「15,298 局の郵便局局舎（2021 年 3 月 31 日現在）と賃貸借契約を締結しております。このうち従業員等との間で賃貸借契約を締

とするもので，2020年3月期はゆうちょ銀行分が2,378億円，かんぽ生命分が575億円になる[16]。これまで業務委託手数料として日本郵便に支払われていた金額のうち，交付金・拠出金方式によるこの金額には消費税がかからず，日本郵政グループとしてその分節約ができるというわけである[17]。

本節では，復興財源確保を契機とする株式上場・売却の進展と，その下での経営自由化の推進を見た。所有者としての国民からすれば，政府保有の日本郵政株式が順調に売却され，復興財源が調達されたことは歓迎すべきことといえる。ところがこれは同時に，日本郵政グループに新しいステークホルダー（=投資家・株主）を生み出すこととなった。投資家が日本郵政グループの企業価値の向上を期待し，その成長戦略に関心を寄せるのは当然のことである。こんにち上場企業は自らが描く成長戦略を中期経営計画として表し，その達成いかんを投資家に説明することがIR（投資家向けディスクロージャー）の中心になっている。日本郵政グループも，株式上場時に中期経営計画（2015～2017年度）を立案・遂行し，次いで第2次中期経営計画（2018～2020年度）を遂行し，現在は第3次の中期経営計画「JPビジョン2025」を遂行中である。このように，「株式上場による新たな株主の登場と経営に対する市場規律の浸透により，〔……〕郵政民営化は新たな局面を迎えることとなった」（郵政民営化委員会［2018］5頁）。このような認識から，郵政民営化委員会としても，金融2社に関する新規業務の承認や郵貯の限度額規制について，積極的に規制緩和を行ったというわけである。これに加えて，交付金・拠出金制度の創設によるユニバーサルサービス維持のための仕組みが導入された。これらは，政府の持株売却につれて強まる投資家の要請に応えると同時に，ユニバーサルサービスの維持を図るための窮余の策と考えられる。

結している局舎の数が4,609局となっております」と述べている（日本郵政株式会社『有価証券報告書（2021年3月期）』123頁）。なおその金額は，2020年度で593億円（1局当たり年平均388万円）になっている。

16　これまで金融2社から日本郵便に支払われていた業務委託料のうち，郵便局ネットワーク維持支援のための「事業間内部補助」の金額が，これによって明示化されたことになる。この議論については，第7章第4節で詳述されている。

17　ここで免除される消費税は，「政策的外部補助」として位置づけられうる。この議論は第7章4節で詳述されている。

4 日本郵政グループの現状

4.1 3事業一体の経営

日本郵政グループは，改正郵政民営化法の下で経営されている。同法は民営化を方向づけてはいるが，金融2社の完全民営化の時期は未定であり，これまでは3事業一体の経営が続いてきた[18]。実際，4法人の本社所在地は同じ建物内にある。また社内役員も，相互に兼任し合っている[19]。その事業も相互に関連し合っており，業務委託関係を通じた協業や補完が行われている。

4法人は互いの業務を委託・受託し合い，その役務と代金の受け払いをしている。法人間の主な取引について，2020年度の金額を上げて確認しておこう。

まず，親会社である日本郵政は，日本郵便，ゆうちょ銀行，かんぽ生命から，ブランド価値使用料（3社計133億円），受取配当金（金融2社計972億円），システム利用料（金融2社計208億円）を受け取っている（日本郵政株式会社『有価証券報告書（2021年3月期）』77頁，117頁より）。

他方，日本郵便は，親会社の日本郵政から，郵便局・建物設備の老朽化対策工事負担金（55億円）を受け取っている。また金融2社から，郵便料金（計167億円），営業店・社員用社宅賃貸料，シェアードサービス（グループ内物流業務）利用料（計41億円）を受け取っている（同78頁より）。

日本郵便は，郵便・物流事業，国際物流事業，金融窓口事業を営んでいるが，金融窓口事業の主な収益源は，金融2社からの業務委託手数料（計5,734億円）となっている。また，郵政管理・支援機構を経由して支払われる郵便局ネットワーク維持交付金（計2,934億円）も，金融2社からの収益である。前者は郵便局が受託している金融業務の対価として支払われたものであり，

---

18 西垣［2013］によれば，「郵政民営化見直しの動きや改正郵政民営化法は全特グループ側の『公』と『官』が再び利害を一致させようとしたムーブメントである」（103頁）という。

19 長門社長時代の2019年度の4社取締役（社外を除く）12名（のべ19名，兼務7枠）の内訳は，民間企業出身者6名，官僚出身者6名（郵政省出身5名，大蔵省出身1名）であった。

図表 3.6　日本郵便に支払われた金融 2 社の委託手数料・交付金　　単位：億円

年　度	2016	2017	2018	2019	2020
ゆうちょ銀行	6,124	5,981	6,006	3,697	3,663
かんぽ生命	3,927	3,722	3,581	2,487	2,070
交付金	—	—	—	2,952	2,934
合　計	10,051	9,703	9,587	9,136	8,667

（出所）日本郵政『有価証券報告書』（2021 年 3 月期），121 頁より。

後者は全国に張り巡らされた郵便局ネットワークを維持するための負担である。後者はユニバーサルサービスを維持するために不可欠の費用であり，金融窓口事業を擁する日本郵便に対する内部補助にあたる。なお交付金相当額は，2018 年度までは委託手数料に含まれていたが，これが「見える化」された。図表 3.6 は，過年度の委託手数料と交付金の推移を表している。

委託手数料・交付金の算定方法については，アームス・レンクス（arm's-length）の取引が行われるよう，以下のような規則が定められている。

ゆうちょ銀行の委託手数料は，ゆうちょ銀行直営店における単位業務コストをベースにして，日本郵便の取扱実績等に基づいて，委託業務コストに見合う額が算出されている。その内訳は，「委託手数料支払要領」において以下のように定められている。

1)「貯金や投資信託等の預り資産に係る事務等」の手数料（平均総預り資産残高×料率），
2)「送金決済その他役務の提供事務等」の手数料（取扱件数×単価），
3)「営業目標達成や事務品質向上を確保するための成果に見合った」営業・事務報奨。

かんぽ生命の委託手数料は，他の生命保険会社における生命保険商品の販売に係る委託契約の事例や業務の代理または事務の代行の事例等に準じて算定されている。その内訳は，「代理店手数料規定」において，以下のように定められている。

1）保有契約件数等に応じて支払われる「維持・集金手数料」（保有契約件数等×単価），
2）民営化後に募集した新契約の保険金額，保険料額から算出した「新契約手数料」，
3）総括代理店契約業務に対して支払われる「総括代理店手数料」。

また，交付金（拠出金）の算定方法は，次のように定められている。まず，「郵便局ネットワークを最小限度の規模の郵便局により構成するものとした場合」における，「人件費+賃借料+工事費+その他郵便局維持費用+現金輸送管理費用+固定資産税・事業所税」を算定する。これに，「簡易郵便局での基本サービス提供を確保する最小限の委託費用」を加算する。この合計額を，郵便窓口業務・銀行窓口業務・保険窓口業務のそれぞれの利用割合に応じて，各社に按分して負担金額を決める。

このように日本郵政グループの内部で，各社が互いに業務の委託関係を有しながら，3事業一体の経営が行われているわけである。3事業一体の経営を維持する日本郵政グループは収益低下が続いているものの，トール社の減損を行った2016年度以外では赤字を出しておらず，郵便・金融のユニバーサルサービスを維持しながらもグループ全体としては独立採算を果たしている。

4.2 民営化メリットの検証

ここからは2007年郵政民営化において言われていた4つのメリット（順不同）に関説しながら，日本郵政グループの現状について整理しておく。まず郵政民営化のメリットの1つといわれた「小さな政府」への貢献である。それは公社職員が国家公務員ではなくなり，日本郵政グループ各社の従業員となることで，国家公務員が30％程度減少できるというものであった。確かに，国家公務員の人数を減らすことにはなったが，そもそも公社職員は「行政機関の職員の定員に関する法律」（昭和44年法律第33号）による定員管理の対象外であり，これが「小さな政府」の実現に寄与したといえるかどうかは疑問が残る。公社職員の人件費は年金の国庫負担分までも郵政事業収

入で賄っており，従来から国民の税による負担は一切なかった。つまり，公社は独立採算で運営されていたのであり，民営化によって職員身分が公務員から会社従業員に変わったというだけで，民営化で「小さな政府」が実現したとは言い難い。ちなみに，2020年度末の日本郵政グループ（国際物流を除く）の従業員数（臨時従業員数を含む）は363,238名（2007年度比98%），うち正規は221,725名（内61%）で，民営化による著しい変化はない（正規従業員数に限って言えば5.7%減である）。

次に，メリットの1つとして挙げられたのが，「見えない国民負担」の最小化である。これは民間企業なら負担しているはずの保険金，諸税，配当支払いなどを公社ゆえに免除されていることについて，その免除分が「見えない国民負担」と言われてきたものである。民営化により，これらを日本郵政グループ各社が負担することになるので，それがなくなるというのである。図表3.7に示されるように，実は公社時代（2003～2006年度）の4年間についても日本郵政公社法第37条にもとづき，第1期中期経営計画終了後の2007年に9,625億円（単年度平均2,406億円）が国庫に納付された。民営化後，株式上場までの2008～2014年度については，日本郵政が連結納税制度

図表3.7　日本郵政の法人税・配当支払い　　単位：億円

	2007	2008	2009	2010	2011	2012	2013	2014
公社の納付額	9,625							
郵政：法人税	2,610	1,733	2,323	2,064	3,195	3,360	2,878	2,723
郵政：国へ配当	−	85	272	363	384	378	385	435
合計額	1兆2,236	1,818	2,596	2,428	3,579	3,739	3,263	3,158

	2015	2016	2017	2018	2019	2020
郵政：法人税等	2,366	1,550	1,971	1,729	1,813	1,858
郵政：配当総額	501	2,058	2,040	2,305	2,021	1,010
合計額	2,867	3,609	4,011	4,034	3,835	2,869

（注）2007～2014年度は，国への支払い。上場後の2015～2020年度は，法人税等（連結損益計算書より），および国・投資家への支払配当総額（株主資本等変動計算書より）。
（出所）会計検査院［2016］33-34頁，表3-10，表3-11；日本郵政グループ『統合報告書』各年版。

を採用して納税しており，7年間でその総額は1兆8,279億円に達している。また，国への配当支払いは，総額で2,304億円に達している。税・配当支払いを合計すると，2兆0,583億円（単年度平均2,940億円）となる。日本郵政株の上場後（2015年以降）は，配当額の一定が政府いがいの株主に帰属するため，国庫への納付がその分減少する。かくして，この間の民営化プロセスにおいて，「見えない国民負担」が可視化されると同時に，日本郵政グループも民間企業同様の負担をするようになっている。

第3の郵政民営化のメリットは，郵貯の資金循環が「官から民へ」シフトし，民間経済に活性化をもたらすという点であった。「郵貯（入口）→資金運用部預託金→財政投融資（出口）」という公的ファイナンスの資金循環は，2001年の預託金の廃止で収束に向かった。当初は郵貯資産の預託金が「財投債」という名の国債に置き換わっただけであったが，その後ゆうちょ銀行は慎重に国債売却を進め，2007年度末の157兆円（運用資産比73.9%）から，2020年度末には50兆円（同22.8%）へと，その保有割合を大きく引き下げることに成功した。これにより運用資産の多様化が実現しており，外国証券等が71兆円（同32.2%），地方債・社債が17兆円（同7.4%），金銭信託が6兆円（同2.5%），貸出金が5兆円（同2.1%）となった。これはローリスク・ローリターンの国債からミドルリスクのある他証券へのシフトであり，その分だけ収益向上に寄与してきた。融資（住宅ローンや教育ローン等）に活用した方がより大きなリターンを得られたかもしれないが，これは完全民営化を実現するまでは認可されない。他方，調達面での民への転換はどうであろうか。2020年度の郵便貯金残高（2020年度末）は，民営化（2007年）時点から8兆円増加して190兆円となっているが，この間に民間銀行の預金残高は534兆円から832兆円へと56%も増えている[20]。アベノミクスによる株高は，低金利の預金よりむしろ投資信託等への資金流入を招いており，このような資金循環の転換は郵政民営化の期待に沿うものといえる。以上要するに，資金循環の官から民へのシフトは着実に進んだ。そして，郵政民営化でめざしていたゆうちょ銀行の「普通の銀行化」も，融資業務で貢献

---

20 都銀・地銀・第2地銀・信託を合わせた全国銀行の総預金（全国銀行協会統計より）。

できていない点を除けば着実に進んできたといえる。

かんぽ生命保険については，旧契約の満期到来による保有契約件数（個人保険）の減少が続いている。2020年度末は2,484万件（民営化開始の2007年時点より2,793万件の減少）で，満期解約を上回る新契約の増加を作り出すには至らず，「底打ち・反転の実現」が遅れている。この間生命保険協会加盟会員の保有契約件数は2020年度で19,024万件に達しており，2007年時点から8,081万件（かんぽ生命も含む）も増加している。かんぽ生命の契約者の半数は60歳以上が占めており，「青壮年層のニーズに十分応えられるよう第三分野などの商品やサービスを充実させていくこと」（郵政民営化委員会［2018］44頁）が強調されてきたが，改正郵政民営化法による規制がある中で自社独自商品の開発はハードルが高く，がん保険についてはアフラック商品を売却するなど他社商品を扱うことによって顧客ニーズに応えている

図表3.8　金融2社の相対的競争力（2020年度）

●3大メガ・バンクとゆうちょ銀行の比較

	三菱UFJFG	三井住友FG	みずほFG	ゆうちょ銀行
総資産（兆円）	359	242	225	224
預金高（兆円）	211	142	150	190
貸出金（兆円）	107	85	83	4.7
有価証券（兆円）	77	36	43	138
純利益（億円）	7,770	5,128	4,710	2,801

●生命保険グループ各社とかんぽ生命保険の比較

	日本生命G	第一生命H	明治安田G	住友生命G	かんぽ生命
保険料等収入（億円）	5兆1,901	4兆7,303	2兆6,693	2兆4,115	2兆6,979
資産運用収入（億円）	2兆6,820	2兆7,196	1兆2,634	7,089	1兆1,216
基礎利益（億円）	6,899	5,528	5,798	3,571	4,219
純利益（億円）	3,315	3,637	1,887	269	1,655
総資産（兆円）	86	64	46	41	70

（出所）各社『統合報告書』『有価証券報告書』2021年3月期から数値抜粋。住友生命Gの資産運用収入は住友生命（単体）の数字である。

状況である。

図表3.8は，競合他社の中で金融2社が占める相対的な競争力を確認したものである。2007年の郵政民営化から13年，2015年の株式上場から5年を経過した時点で，それぞれ3大メガバンク，主要生命保険グループと比較したとき，ゆうちょ銀行，かんぽ生命保険とも同業の中で卓越した競争的地位になく，かつてのような「暗黙の政府保証」が競争優位につながっているというような現実は一切なくなっている。民間の競争秩序への「融解」は大きく進んだといえる。

第4のメリットは，「サービスの質が向上」したり，「代替するサービスが工夫」されたり，「新しい事業を始める」ことで，利用者国民にとって利便性が増すことである。『郵政民営化の基本方針』（2004年）では，郵便事業の新規業務として，「広く国内外の物流事業への進出」や，「高齢者への在宅福祉サービス支援，情報提供サービス等地域社会への貢献サービス」を挙げていた。窓口ネットワーク事業では，「地方公共団体の特定事務」「年金・恩給・公共料金の受払などの公共的業務」「福祉的サービスなど地方自治体との協力等の業務」「民間金融機関からの業務受託」「小売りサービス」「旅行代理店サービス」「チケットオフィスサービスの提供」「介護サービスやケアプランナーの仲介サービス」等の事業分野に進出し，地域の「ファミリーバンク」，ならびに「ワンストップ・コンビニエンス・オフィス」としての発展が期待されていた。

ユニバーサルサービスを誇る郵便・物流事業（従業員数で約50%）では，郵便物数（2020年度）が2007年度比で69%（152億通）と急減しており，同社予測でも2024年度に125億通まで減少が続くと見込んでいる。他方，同社の輸送荷物数（2020年度）は2007年度比で176%（44億個）に急増している。10.9億個の「ゆうパック」（宅配便）を，2024年には15億個まで伸ばしたいとしている。その頃には荷物収益が郵便収益と並び，やがて追い越すだろうと見込んでいる。こうした中で日本郵便は，労働環境と事業収支の改善のため，①配達頻度の見直し（土日配達の休止），②送達日数の見直し（翌日配達の廃止）を要望し，これを総務省情報通信審議会で検討したうえで実施する旨の答申が出された（2018年11月）。これにより625億円の収益改善効果が得られ，相当数の要員が荷物分野に再配置できるということである。このユニバーサルサービスの水準変更は，2021年10月から実施された。

郵便局ネットワークについては，簡易局も含めて24,000余局が維持されている。だが，地域密着ニーズを広く実現する，「ワンストップ・コンビニエンス・オフィス」になっているかと問えば，その取り組みは未だ実現していない。情報通信審議会［2019］では，郵便局の利便性向上のためには，「地方自治体や民間企業等との連携強化」「郵便局スペースの積極的な提供・活用」「郵便局におけるサービスの多様化」等の取り組みが必要であるとしている（47-51頁）。但し，地方自治体の証明書発行を行うキオスク端末や地域金融機関のATM設置など地域のニーズに応じた積極的なスペース活用を図るためには，自治体や金融機関との適切なコスト負担について協議を行う必要がある。集客力の高い郵便局（場所・空間）であれば利用者も相応の採算が見込め，関係機関とのウィン・ウィンの共創関係が築ける。2021年3月現在，全国10カ所の郵便局で地域金融機関のATMコーナーを設置，9カ所の郵便局では地域金融機関の顧客が住所変更等の事務手続きができるという。

図表3.9では，日本郵便の各事業の競争力を同業他社との比較から見たものである。郵便・物流事業は，郵便配達から荷物配送へと資源配分を図りながら，市場シェアを確保しなければならない。アマゾンや楽天などのネット通販の物流需要を，一定の有利な条件で確保できるかどうか手腕と才覚が求められるところである。金融窓口事業は郵便局の店舗網を使って行われているため，これと同様な地域的分散性を持つコンビニエンスストア店舗網と比較している。この比較によると，2020年度の全店平均日販は，セブン-イレブンの5割程度である。郵便局ネットワーク維持交付金，銀行・保険・郵便手数料以外に，その他収益として物販事業1,029億円，不動産事業373億円，提携金融事業91億円，総計1,760億円の売り上げを上げているものの，郵便局ネットワークは未だこの程度しか活用できていないのが現状である。ATM端末は郵便局だけではなく，ファミリーマートにも多数小型機が配置されている。これはATM投資から撤退しようとする提携金融機関から仲介

図表 3.9 日本郵便の事業別競争力（2020 年度）

●宅配便各社と日本郵便：郵便・物流事業の比較

	ヤマト HD（ヤマト運輸）	SGH（佐川急便）	日本郵便（郵便・物流）
郵便物（通・シェア）	—	—	152.4 億通（100%）
宅配便（個数・シェア）	20.9 億個（42%）	14.0 億個（29%）	10.9 億個（23%）
メール便（冊・シェア）	8.2 億冊（21%）	0.2 億冊（0.5%）	32.9 億冊（76%）
売上高（億円）	1 兆 6,958 億円	1 兆 3,120 億円	2 兆 0,684 億円
営業利益（億円）	921 億円	1,017 億円	1,237 億円
従業員数（万人）	22.3 万人	9.7 万人	19.7 万人

●コンビニエンス店舗網と金融窓口事業の比較

	セブン-イレブン	ファミリーマート	ローソン	金融窓口事業
全店売上高	4 兆 8,706 億円	2 兆 7,643 億円	2 兆 3,497 億円	1 兆 2,434 億円
全店平均日販	64.2 万円	49.3 万円	48.6 万円	34.1 万円
営業利益	2,333 億円	712 億円	408 億円	377 億円
国内店舗数	2 万 1,167 店	1 万 6,646 店	1 万 4,476 店	2 万 4,311 店
ATM 設置台数	2 万 5,545 台	1 万 2,737 台	1 万 3,476 台	3 万 1,900 台

（注）ATM 設置台数は，2021 年 12 月 16 日のニュースによる。
（出所）東洋経済新報社編［2021］『会社四季報業界地図』2022 年版，各社『統合報告書』『有価証券報告書』2021 年 3 月期から数値抜粋。

手数料を得るものであるが，キャッシュレス社会が完成するまでの過渡的なビジネスモデルであることに注意が必要である。

4.3 小括：民営化の新局面

この 20 年間の日本郵政グループの経営は，郵政民営化のあり方をめぐる制度設計論争，選挙や議会を通じた法制化をめぐる闘いや総務大臣の人事，経営の方向付けをめぐる経営トップの人事，公社化・株式会社化・株式上場・株式売却といった所有主体の変化，既存事業の遂行と新規事業の開発ならびに提携・買収による新規事業の取込みといった営業活動の変化，民間とのイコールフッティングをめぐる規制と保護，これらの諸相が並行して進んできた。その根底には常に，効率性追求（4機能分社化による企業価値向上）と公平性確保（3事業一体によるユニバーサルサービス確保）の両立・バランスをいかにして図るかというテーマが伏在してきた。

民営化当初（2007年）は，株式会社化によってどこまで効率化が図れるかという期待を負って，4機能分社化というハードランディングの制度設計が実施に移された。しかしこれはユニバーサルサービス（公平性）を長年理念としてきた経営現場に馴染まず，2012年には3事業一体を掲げるソフトランディング路線（金融2社株式の完全売却期限の放棄）への見直しが図られた。2015年には日本郵政や金融2社の株式上場が始まったが，株式売却が進んだのは日本郵政株式の方であり，2017年（第2次），2021年（第3次）を通じて，政府の持株比率は今やNTTやJTと同様の法定限度に達している。だが民営化がこれで達成されたわけではない。民営化法の基本理念（第2条）では，「経営の自主性，創造性及び効率性を高める」こと，「多様で良質なサービスの提供を通じた国民の利便の向上及び資金のより自由な運用を通じた経済の活性化を図る」ことが求められており，このような目標が十全に達成されたとは認めがたいのが現状である。

NTTの民営化においては，固定電話から携帯電話・スマーフォンへと情

図表3.10　郵便物等引受数（総数・1人当たり）と郵便局数

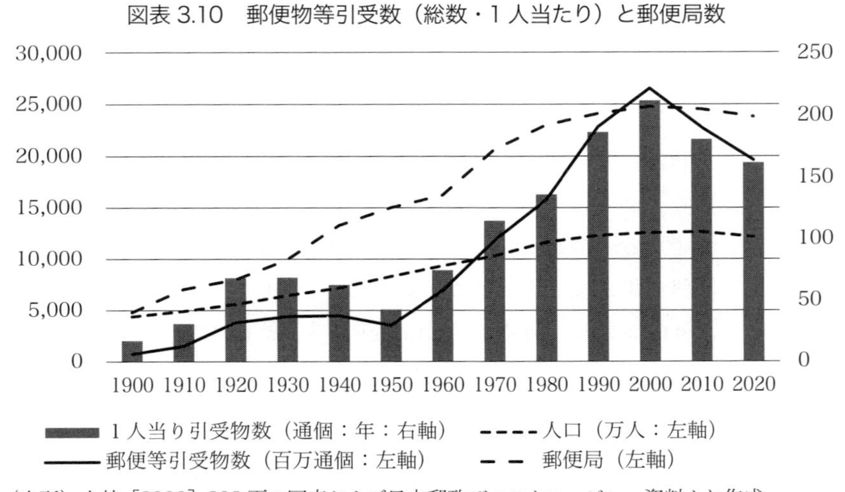

（出所）小林［2002］292頁の図表および日本郵政ディスクロージャー資料より作成。

報通信サービスの変革が図られた。JTの場合は，海外たばこ事業のM&Aを通じてグローバル企業へと転換が図られ，縮減する国内事業を相対化した。このように商品・サービスあるいは企業経営のイノベーションを伴ってこそ民営化の成功が認められる。そういう観点から郵政民営化を見ると，祖業をめぐる内外の変化から目を背けるわけにはいかない。

図表3.10は，コンピュータとそれを繋ぐインターネットが普及し，これによって生じたコミュニケーション革命や商取引（物流）革命が，祖業である郵便事業に壊滅的打撃を与えていることを示している。「いつでも，何処でも，何処へでも」情報伝達するための手段として発達してきた郵便（人手と配達時間をかけた1対1の文字情報の伝達）[21]は，インターネット端末と携帯電話を兼ね備えたスマートフォンにとって代わられた。スマートフォンでは，文字・写真・動画等の豊富な情報が多数を対象として瞬時に伝送できる。新聞（報道）やテレビ（広告）の世界においても，もはやスマートフォンの優位は揺るがない。このようなコミュニケーション革命のドラスティックな進展を通じて，人口当り郵便物引受物数（郵便物と荷物の合計）の著しい減少（ピーク時から20年で74%の減少）が生じている。ここには商取引（物流）革命による宅配便等の需要増大も含まれており，それだけに厳しいものがある。この流れの上に，長寿化や少子化，人口減少の本格化が始まり，とりわけ地方における人口減少，空洞化が進んでいる。それが同時に働き手不足を引き起こしており，人手を介する郵便・物流事業の成立をいっそう難しくしている。

このような状況に対して，郵政民営化委員会［2020］『意見』は次のように指摘している。「事態の打開の鍵の一つはDX〔デジタル・トランスフォーメーション〕である。デジタル技術の活用により，新たな価値創造を始め，多様化され，個別化されたサービスをより速く，より安く，より効率的に提供することが可能になる。同時に，人口減少，少子高齢化による労働力不足に対して，省力化及び大幅なコスト削減を可能にする」。「DXにより最適な

21 こんにち郵便物に求められるのは，長年追求されてきた「迅速性」や「低廉性」ではなく，「儀礼性」や「現物性」であるという（日本郵便［2018］『郵便事業の課題について』（平成30年11月16日，11頁）。

郵便・物流ネットワークの構築や日本郵政グループが保有するデータの活用による都市部における郵便局の最適な配置を進めるとともに，日本郵便のEC（電子商取引）サービスと金融二社のサービスを核とした共創プラットフォームを形成し，グループ横断的な新規ビジネス等をリアルな郵便局ネットワークの強みを生かしながら推進していくことが必要となる」（3頁，カッコは筆者加筆）。日本のあらゆる産業企業においてDXの重要性が声高に言われるようになったが，それがコミュニケーション革命を基礎とする企業革新（ビジネスモデルの変革）を求めていることを忘れてはならない。

郵政民営化の実践は，2012年から3事業一体を掲げたソフトランディング路線で進んできたわけだが，その結果として日本郵政グループは他に類を見ない特徴的な構造（ビジネスモデル）となっている。その特徴は，図表3.11に示されているように，金融2社からの金融窓口事業（日本郵便）への支払いである。金融窓口事業の収益は，「郵便事業・銀行事業・保険事業からの業務委託手数料+金融2社からの拠出金に基づく交付金+その他収益（物販・不動産・提携金融事業等）」からなっている。現状の金融窓口事業は377億円の営業利益を上げているが，交付金（グループ内部補助）を除いてみれば赤字（△2,577億円）である。委託手数料はあくまで実績に連動して支払われるのであり，事業効率いかんで収益性が左右される。そういうことから，郵便局ネットワークの事業効率を上げると同時に，「その他収益」をどこまで引き上げることができるかが，金融窓口事業の自立的財政基盤にとって極めて重要である。

郵便・物流事業では，ユニバーサルサービスの適正水準を見極めながら投入労働量を郵便事業から物流事業に振り向け，物流部門を中軸とした自立的財政基盤を築くことが至上課題となっている。トール社による国際物流は，収益性のある事業への集中による企業再生が当面する課題である。金融2社については，金融窓口事業を支えながらも同業他社との競合に耐えぬく競争力をいち早く築く必要があり，経営自由化を抑制している「上乗せ規制」[22]

22　ゆうちょ銀行の場合は，銀行法の規制を受けるほかに，新規業務等（子会社保有やM&Aを含む）の開始について，日本郵政の持株比率が50%を下回るまでは金融庁長官および総務大臣の「認可」が必要であるが，50%を下回れば「届出」でよいことになる。また預入限度額については，法令で規定されている（通常貯金1,300万円，定期性貯金1,300万

図表 3.11　日本郵政グループの現状
(収益は 2021 年 3 月期, 持株比率は 2022 年 3 月末)

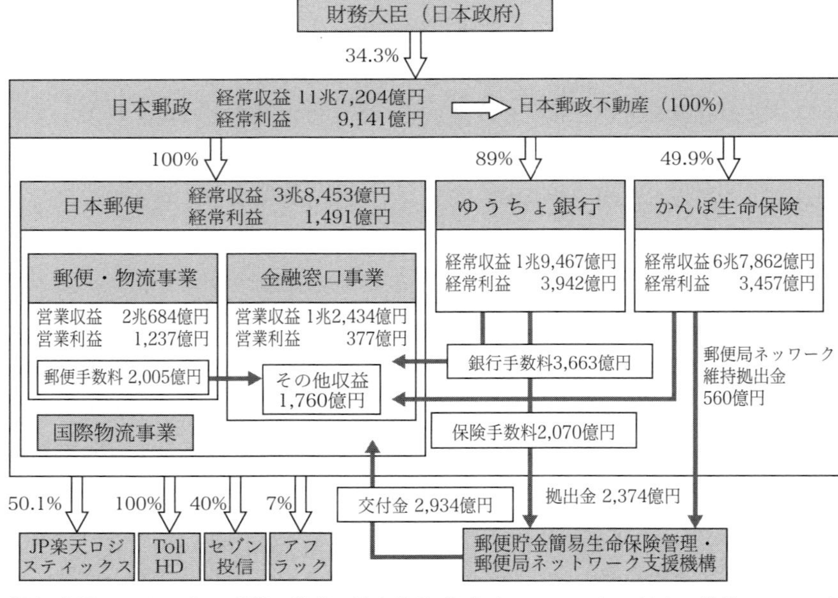

(注) 金額は, 2021 年 3 月期の数値。持ち株比率（%）は 2022 年 3 月末の数値。□は, 金融窓口事業の収益。2021 年度に,「日本政府→日本郵政」「日本郵政→かんぽ生命」とも, 持株比率の低下が続いた。
(出所) 東洋経済新報社編［2022］『会社四季報業界地図』2023 年版（279 頁）等により作成。

をできるだけ早く解除することが課題となっている。当面は, 日本郵政の金融 2 社に対する持株比率を 50% 未満に減じることにより, 認可制から届出制へと規制を緩和することが急がれる。金融 2 社の株式売却は, 日本郵政グループが M&A 等で新しいビジネスモデルを取り込む場合の財源を生み出すことにもなる。

円)。これらが, 上乗せ規制と呼ばれている（ゆうちょ銀行『2020 年度投資家説明会』44 頁)。かんぽ保険の場合は, 保険法の規制を受けるほかに, 新規業務の開始についてゆうちょ銀行と同様な「認可」「届出」の規制が課されている。加入限度額は, かんぽ生命株式の完全売却までは, 原則 1,000 万円と法令で定められている。国内外の生損保会社を子会社として保有することも, かんぽ生命株式の完全売却の日までは, 認められない。これが上乗せ規制である（かんぽ生命『2021 年 3 月期　決算・経営方針説明会』14 頁)。

郵政民営化委員会［2020］の『意見』では，内外の変化への対応の遅れ(「グループガバナンス」や日本郵政の「司令塔として〔の〕横串機能」）に言及しつつ，次のように成長戦略の具体的方向性を示している。「金融二社の株式の処分代金や借入れを有効に活用してM&Aや純投資などを行うことで，金融二社の株式処分後の日本郵政グループのビジネスモデルと先端デジタル技術を駆使した企業（フィンテックやビッグテック）との競争，連携を含むビジネス戦略を早期に確立すべきである」。「その際には，日本郵政グループが有する各種のネットワークを，旧来型の社会インフラとして機能させるだけでなく，グループ内のサービスの連携を更に強固なものにするとともに，グループ外の多様な事業者等との連携を進める『共創プラットフォーム』に変革し，それを活用することを通じて日本郵政グループを中心とするエコシステムを形成することが求められる」(4-5頁)。

今日求められる郵政民営化は，日本郵政が司令塔となりグループとして新しいビジネスモデルを確立すること，そのために金融2社の持株売却やM&A・純投資等を活用すること，さらにグループ外の事業者も巻き込むエコシステムを築くこと，その中で旧来型社会インフラを機能させるといった，新しい局面を迎えているように見える。このような郵政民営化委員会の『意見』に対して，日本郵政グループ［2020年度］(0-1頁）は，郵政創業150周年にちなんで，新式郵便制度の創設者・日本近代郵便の父，前島密の信条として次のような訓示を掲げている。「縁の下の力持ちになることを厭うな。人のためによかれと願う心を常に持てよ」と。この言葉を受け止めて日本郵政グループは，「創業の原点に立ち返り，真のお客さま本位の企業グループに生まれ変わる」と，自ら企業革新・事業革新を推進する覚悟を示している。

第4章
郵政事業のファンダメンタル分析(1)
― 民営化から株式上場まで ―

本章では，日本郵政を親会社とする日本郵政グループが発足した2007年10月から，株式上場を行った2015年11月の間のファンダメンタル分析を行う。

ファンダメンタル分析は，投資や融資の対象となる企業自体の，投融資のリスクやリターンを規定している基礎的前提条件（ファンダメンタルズ）を分析するものであり，最も基本的な視点は「収益性」と「リスク」である（桜井［2020］146頁）。本章は「収益性」と「リスク」を中心に，2008年度～2014年度の財務諸表分析を行うことにより，「効率性と公平性」のトレードオフを定量的分析の観点から論じることを目的とする。

1 ゆうちょ銀行

この節では，ゆうちょ銀行のファンダメンタル分析を行う。ゆうちょ銀行自体にはユニバーサルサービス提供義務は課されておらず，形式的には「収益性と公平性」の問題にはさらされていないように見える。しかし，ゆうちょ銀行の全国店舗網23,7345店のうち，直営店は233店舗にすぎず，99%以上が郵便局，および簡易郵便局での営業となっている（ゆうちょ銀行［2022年度］）。郵便局（日本郵便）には簡易な貯蓄，送金および債権債務の決済の役務の提供が求められており，ゆうちょ銀行がこのサービスの提供を担っていることから，ゆうちょ銀行の経営においてもユニバーサルサービス提供義務に伴う「効率性と公平性」のトレードオフの視点は欠かせないものとなっている。

ゆうちょ銀行のファンダメンタル分析を行うにあたり，ゆうちょ銀行の特徴をより明らかにするために，比較対象企業を選定する。本章では，ゆうちょ銀行同様全国に支店網を持つ，みずほ銀行，三井住友銀行，ならびに三菱 UFJ 銀行[1] を比較対象企業[2] とする。

主要財務数値の推移　図表 4.1 は，ゆうちょ銀行の主要財務数値の推移を表したものである。民営化初年度から 2010 年度にかけ，資産総額が約 18.7 兆円減少しているが，これは借入金の圧縮（12 兆円の減少）が主たる原因として考えられ，株主資本はむしろ増加の傾向を示している。その後，負債総額は増加傾向に転じるが，目立った有利子負債の増加は見られないことから資本構成に大きな問題はないものと考えられる。

経常収益（一般事業会社の売上高に相当）は減少傾向にあるものの，経常利益，純利益ともに順調に増加傾向にあることから，主要な財務数値からは収益性・安全性ともに大きな問題を抱えているようには見えない。

図表 4.1　ゆうちょ銀行の主要財務数値[3] の推移　　　単位：10 億円

年度	2007	2008	2009	2010	2011	2012	2013	2014
資産	212,149	196,481	194,678	193,443	195,820	199,841	202,513	208,179
負債	204,072	188,301	185,839	184,350	186,002	188,843	191,048	196,549
株主資本	8,003	8,209	8,449	8,691	8,947	9,237	9,498	8,465
経常収益	－*	2,489	2,208	2,205	2,235	2,126	2,076	2,078
経常利益	－	385	494	527	576	594	565	569
当期純利益	－	229	297	316	335	374	355	369

（注）＊ 2007 年度は日本郵政グループが発足した 2007 年 10 月 1 日から 2008 年 3 月 31 日までの半年のデータであるためフロー項目は割愛する。
（出所）ゆうちょ銀行［各年度版］により作成。

1　三菱 UFJ 銀行は 2017 年 3 月以前は三菱東京 UFJ 銀行であったが，本章および第 5 章においては時期によらず三菱 UFJ 銀行で統一して呼称する。

2　3 行ともに連結財務諸表のデータを用いている。

3　単体財務諸表のデータを用いている。

図表 4.2　ROA の推移　　単位：%

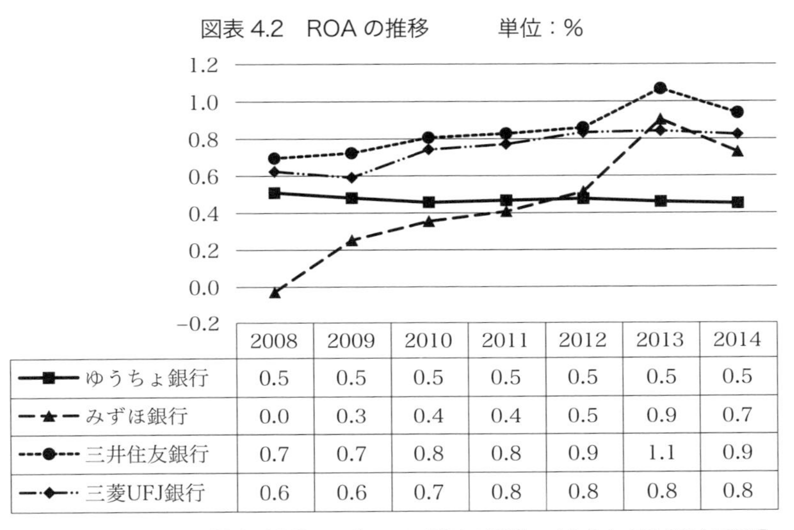

	2008	2009	2010	2011	2012	2013	2014
ゆうちょ銀行	0.5	0.5	0.5	0.5	0.5	0.5	0.5
みずほ銀行	0.0	0.3	0.4	0.4	0.5	0.9	0.7
三井住友銀行	0.7	0.7	0.8	0.8	0.9	1.1	0.9
三菱UFJ銀行	0.6	0.6	0.7	0.8	0.8	0.8	0.8

（出所）ゆうちょ銀行［各年度版］；みずほ FG［各年度版］；三井住友 FG［各年度版］；三菱 UFJFG［各年度版］により作成。

収益性は低水準だが安定　続いて，収益性において最も重要な視点（桜井［2020］165 頁）とされる資本利益率について，ROA（rate of return on asset；総資本事業利益率）および ROE（rate of return on equity；自己資本純利益率）の 2 つを用いて分析する。

図表 4.2 はゆうちょ銀行，みずほ銀行，三井住友銀行，三菱 UFJ 銀行の 3 行の ROA の推移を，図表 4.3 は ROE の推移を表している。ゆうちょ銀行の第 1 の特徴は安定性である。2008 年度，国内の金融機関がリーマンショックの影響を受け軒並み業績悪化している中，ゆうちょ銀行は ROA，ROE ともに安定して推移している。他の 3 行が純損失を計上している状況に対し，その後の年度と同水準の収益性であることがわかる。

第 2 の特徴としては，収益性の低さが挙げられる。図表 4.2 よりゆうちょ銀行の ROA は 2011 年度までがみずほ銀行より高い水準となっているものの，総じて 3 行に比べて低い。みずほ銀行の 2011 年度までを，リーマンショックからの回復期であると考えると，ゆうちょ銀行の ROA は低水準であるといえる。さらに，図表 4.3 より，ROE は 2008 年度を除けば他の 3 行

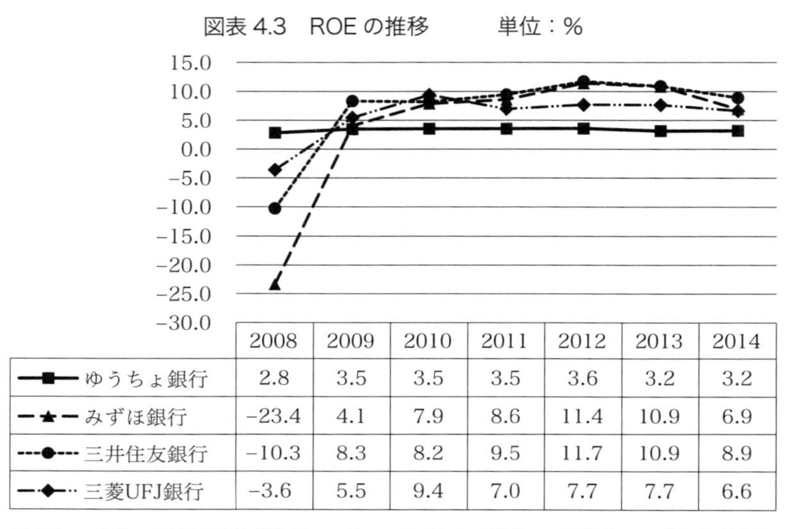

	2008	2009	2010	2011	2012	2013	2014
ゆうちょ銀行	2.8	3.5	3.5	3.5	3.6	3.2	3.2
みずほ銀行	−23.4	4.1	7.9	8.6	11.4	10.9	6.9
三井住友銀行	−10.3	8.3	8.2	9.5	11.7	10.9	8.9
三菱UFJ銀行	−3.6	5.5	9.4	7.0	7.7	7.7	6.6

（出所）ゆうちょ銀行［各年度版］；みずほ FG［各年度版］；三井住友 FG［各年度版］；三菱 UFJFG［各年度版］により作成。

よりも低い水準にあることがわかる。以下この収益性の安定と低水準について詳しく分析する。

収益の安定性の源泉は，ゆうちょ銀行の収益構造にあると考えられる。分析期間の中央にあたる 2011 年度のデータによると，ゆうちょ銀行の経常収益のうち約 87%を有価証券利息配当金が占めている（みずほ銀行は約 10%，三井住友銀行は約 43%，三菱 UFJ 銀行は約 15%）。さらに，ゆうちょ銀行が保有する有価証券の約 85%は国債・地方債である。経常収益の大部分をリスクの少ない国債・地方債によって運用していることで，リーマンショックの影響が極めて小さかったことが説明できる。さらに，国債・地方債への投資，当該投資に係るリスクとリターンのトレードオフ関係を通じて，低い収益性も同時に説明する。

過大ともいえる有形固定資産回転率　続いて，有形固定資産利用の効率性を表す有形固定資産回転率をみる。2008 年度から 2014 年度の 7 年間の平均は，みずほ銀行，三井住友銀行，三菱 UFJ 銀行がそれぞれ 2.02 回転，3.35 回転，3.15回転であるのに対し，ゆうちょ銀行は13.95回転と突出して高い。これは，ゆうちょ銀行の有形固定資産の効率的利用の証左のようにも見えるが，ここにはゆうちょ銀行の特異なビジネスモデルの影響が大きく表れている。

前述のとおり，ゆうちょ銀行は自前の直営支店・営業所をほとんど持たず，業務の多くを郵便局に委託している[4]。つまり，店舗等の有形固定資産を持たずに，全国的な営業を行っており，収益に対する保有有形固定資産の額が少ないといえる。これが有形固定資産回転率の高さの主たる要因となっており，必ずしも効率性を評価できるものではない。むしろ郵便局（日本郵便）に課されたユニバーサルサービス提供義務という公平性の重視によって引き起こされた歪みともいえる。

高い長期的安全性　企業の長期的安全性を表す指標として一般に用いられる，「総資産に対する自己資本の割合を表す自己資本比率」は，みずほ銀行（2008年度からの7年間平均3.11%），三井住友銀行（同4.25%），三菱UFJ銀行（同4.73%）に比べ，ゆうちょ銀行は5.03%と高めの数値ではあるが，2008年度のリーマンショックの影響を除けば，メガバンク3行と大きな差があるとはいえず，特段大きな特徴があるとはいえない。

しかし，一般的な事業会社とは異なり，金融機関の長期的安全性の評価には「リスクアセットに対する自己資本の割合を表す自己資本比率」が用いられることが多い。図表4.4は「リスクアセットに対する自己資本の割合を表す自己資本比率」を表したものである。ゆうちょ銀行の自己資本比率は大きく減少傾向にあるものの，他の3行に比べ，極めて高い水準にあるといえる。先ほどの「総資産に対する自己資本の割合を表す自己資本比率」の結果との相違を生み出しているのは，収益性分析でも述べたゆうちょ銀行の国債・地方債を中心とした低リスクの投資である。国債・地方債のリスクウェイトは0とされ，保有する資産に対してリスクアセットが小さくなっていることが原因といえる。

4　本章の分析期間の終了時点である，2015年3月時点で，ゆうちょ銀行の本支店が12，出張所が222あるのに対し，全国23,933の郵便局（簡易郵便局を含む）で業務を委託している。

図表4.4　リスクアセットに対する自己資本比率　　単位：%

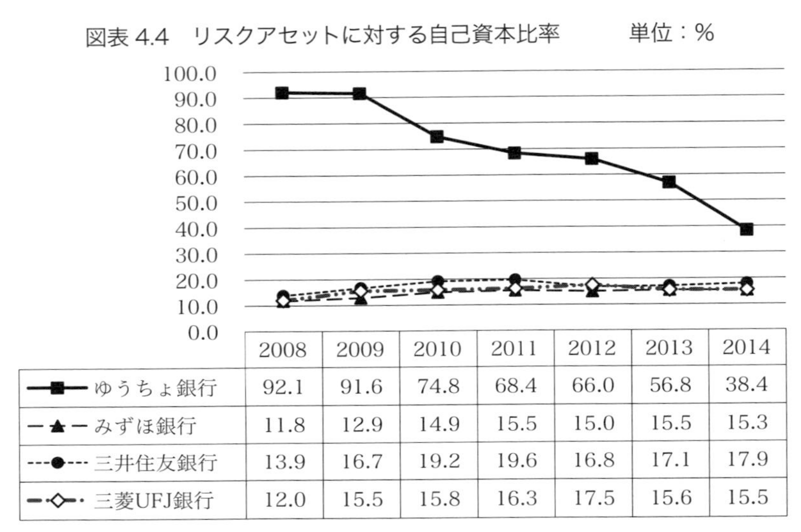

	2008	2009	2010	2011	2012	2013	2014
ゆうちょ銀行	92.1	91.6	74.8	68.4	66.0	56.8	38.4
みずほ銀行	11.8	12.9	14.9	15.5	15.0	15.5	15.3
三井住友銀行	13.9	16.7	19.2	19.6	16.8	17.1	17.9
三菱UFJ銀行	12.0	15.5	15.8	16.3	17.5	15.6	15.5

(注) ゆうちょ銀行とみずほ銀行は国内基準，三井住友銀行は国際統一基準を採用している。
(出所) ゆうちょ銀行［各年度版］；みずほFG［各年度版］；三井住友FG［各年度版］；三菱UFJFG［各年度版］により作成。

とはいえ，リスクアセットに対する自己資本比率は，2015年の上場が近づくにつれ減少する傾向が強く表れている。図表4.1で見たように，自己資本額が大きく変化していない中で，自己資本比率が大きく減少していることは，ゆうちょ銀行の資産運用がよりリスクを高めたものへとシフトしていることを示している。たとえば2008年3月期において約157兆円の国債を保有していたが，2014年度末には約107兆円の保有と，約50兆円減少させている。国営・公社時代に求められた安全性重視の運用から，上場に備え収益性の向上を求め比較的高いリスクをとる運用への移行が行われていると推察されるが，今後は行内においてリスクとリターンのバランスをとった運用をする体制，ならびにそれを評価する体制の構築が重要となる。

この運用戦略の変更はまだ収益性の向上という形で結果には表れておらず，今後の動向に注視していく必要があるだろう。

ゆうちょ銀行のファンダメンタル分析の3つの特徴　ここまでの分析により，明らかになったゆうちょ銀行の収益性・安全性の特徴は次の3点である。第1の特徴は，安定かつ低水準の収益性である。国営・公社時代，（暗黙を含む）政府保証により，潤沢な貯金を集めることができたゆうちょ銀行は，国債などの安全資産中心の運用および，財政投融資による運用が行われてきた。公社化，民営化により，国債の保有割合は減少してきたものの，いまだ国債運用に偏重している。リーマンショックなどの危機時においては，他行が大きく業績を悪化させている中でゆうちょ銀行の業績が安定していた点は，この国債中心の運用が要因であるといえるが，平時においてはその安定的な収益性が他行に大きく水をあけられている一因となっている。

第2の特徴は，有形固定資産回転率の高さである。ゆうちょ銀行は自前の店舗をほとんど持たず，営業拠点の99％は全国の郵便局を利用している。収益に対して店舗等の有形固定資産が著しく少なくなっているという日本郵政グループの特殊事情が有形固定資産の高さに結び付いており，必ずしもゆうちょ銀行として有形固定資産を効率的に利用できているという評価に繋がるものではないといえる。

第3の特徴は，相対的に高い安全性を維持しているものの，徐々にリスクが上昇している点である。2014年度末時点では十分に高い安全性を保って入るものの，自己資本比率は大きな減少傾向にある。第1の特徴でも述べた，安全資産での運用からの脱却によるものと評価することもできるが，リスクマネジメントが適切に行われているかどうか，さらに注視することが必要となるだろう。

2　かんぽ生命

この節では，かんぽ生命のファンダメンタル分析を行う。かんぽ生命は，ゆうちょ銀行と同様ユニバーサルサービス提供義務は課されていない。直営の支店は全国に82店舗でありこれらが主として法人営業を担う一方，個人向けのサービスを提供するのは20,493局の郵便局ならびに簡易郵便局（かんぽ生命［2022年度］）である。郵便局（日本郵便）には簡易に利用できる生命保険の役務の提供が義務づけられており，ゆうちょ銀行と同様，間接的にユニバーサルサービスの提供義務を負っている。したがって，その限りでかんぽ生命も「効率性と公平性」のトレードオフ関係の影響を受けているといえる。

かんぽ生命の分析において，ゆうちょ銀行の時と同様に比較対象企業を選定する。大手生命保険会社の多くは相互会社であり，株式会社であるかんぽ生命との財務データの比較可能性という観点より比較が難しい。そこで，かんぽ生命のファンダメンタル分析においては，株式会社の形態をとる第一生命のみを比較対象とする。

主要財務数値の推移　図表 4.5 は，かんぽ生命の主要財務数値の推移を示したものである。民営化初年度から 2014 年度にかけ，資産総額が約 27.6 兆円減少している。この減少は負債の減少，特に責任準備金の減少（2007 年度末から 2014 年度末までで約 29.6 兆円の減少）に伴い，有価証券の売却・償還を進めたことによるものである。責任準備金は保険金支払いや解約時の支払い等に備えて積み立てておくものでる。貯蓄性の高い従来の簡易保険では多くの積み立てが必要となっていたものが，近年の保障性の高い保険商品に置き換わることで減少している。

次に，経常収益について見てみると，2014 年度では 2008 年度に比べ約 5 兆円減少している。このうち保険料収入の減少が約 2 兆円，責任準備金の戻入額の減少が約 3 兆円となっている。経常利益，当期純利益ともに増加傾向

図表 4.5　かんぽ生命の主要財務数値の推移　　単位：10 億円

年度	2007	2008	2009	2010	2011	2012	2013	2014
資産	112,525	106,578	100,970	96,787	93,689	90,462	87,089	84,912
負債	111,620	105,505	99,800	95,579	92,396	88,997	85,554	82,942
株主資本	1,028	1,066	1,127	1,187	1,235	1,309	1,350	1,411
経常収益	―*	15,534	14,592	13,375	12,539	11,835	11,234	10,169
経常利益	―	214	380	422	531	529	464	493
当期純利益	―	38	70	77	68	91	63	82

（注）＊ 2007 年度は 2007 年 10 月 1 日～ 2008 年 3 月 31 日までの半年のデータであるため割愛する。
（出所）かんぽ生命［各年度版］により作成。

で推移しており，特に大きな問題は見られない。しかし構造的に収益の減少傾向は続くものと考えられ，したがってかんぽ生命の目指す方向は「減収増益」ということになろう。

堅調な資本利益率の推移　続いて，かんぽ生命の収益性分析を行う。図表4.6はかんぽ生命と第一生命のROAの推移を表している。かんぽ生命のROAは堅調な増加傾向といえる。これは，経常利益の順調な上昇に加え，責任準備金の戻入れによる総資産の減少が影響している。第一生命と比較しても，その安定性に遜色はないが，2010年度以降の５年間の上昇傾向は，第一生命の方が高くなっている。一方で，図表4.7で表されたROEの推移をみると，一転して横ばいからやや減少の傾向がみられる。期間後半では第一生命のROEが上回る傾向にあるものの，第一生命と大きな差はないといえる。

責任準備金の戻入れと高い財務レバレッジ　かんぽ生命と第一生命のROEの推移の原因について，より詳しい比率分析を用いて検討する。ROE

図表 4.6　ROA の推移　　単位：%

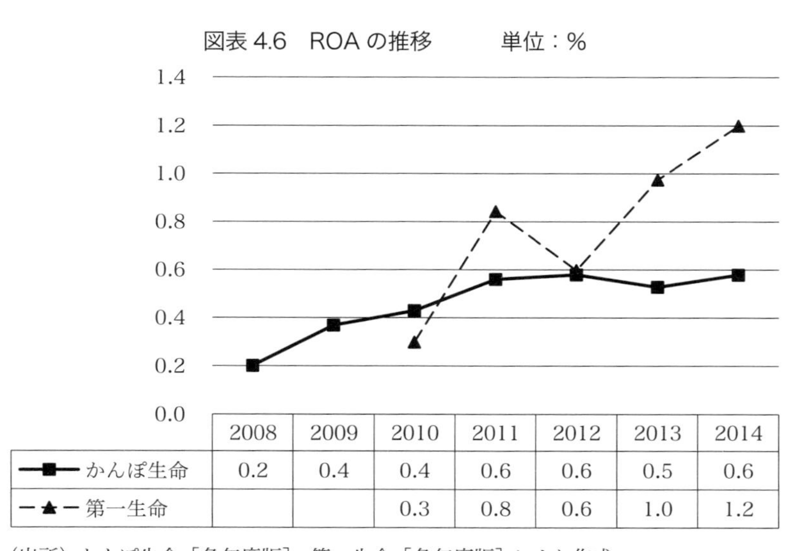

	2008	2009	2010	2011	2012	2013	2014
かんぽ生命	0.2	0.4	0.4	0.6	0.6	0.5	0.6
第一生命			0.3	0.8	0.6	1.0	1.2

（出所）かんぽ生命［各年度版］；第一生命［各年度版］により作成。

図表 4.7　ROE の推移　　単位：%

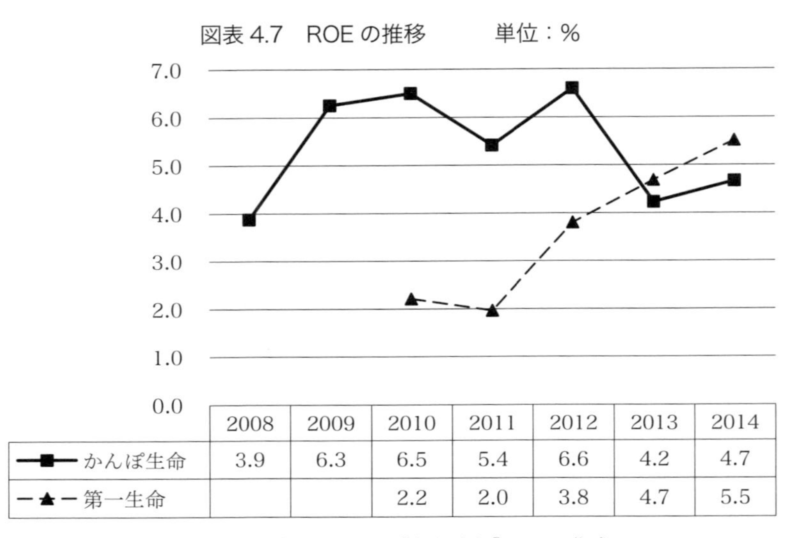

	2008	2009	2010	2011	2012	2013	2014
かんぽ生命	3.9	6.3	6.5	5.4	6.6	4.2	4.7
第一生命			2.2	2.0	3.8	4.7	5.5

（出所）かんぽ生命［各年度版］；第一生命［各年度版］により作成。

は，売上高純利益率，総資産回転率，財務レバレッジの 3 因数の積に分解することができる。

図表 4.8 のとおり，ゆうちょ銀行の売上高純利益率は，第一生命ほどではないものの，増加傾向にある。しかしながらその増加は，急激な収益の減少による総資本回転率の減少，責任準備金の戻入れによる負債の減少に起因する財務レバレッジの低下により打ち消され，ROE は減少傾向にあることがわかる。

2014 年度末においても，責任準備金は総資産額に対して 90%弱という大きな規模である。第一生命においても責任準備金が総資産額の 80%程度を占めており，かんぽ生命の責任準備金のストックに与える影響がとりわけ大きいとまではいえない。しかし，フローの観点から見ると，かんぽ生命の経常収益の約 25%を責任準備金戻入額が占めている（第一生命の損益計算書には責任準備金戻入額は表れていない）。

以上より，かんぽ生命の収益性においては，民営化以前の遺産ともいえる責任準備金が大きな影響を与えていることがわかる。

図表 4.8　ROE の分解

① 売上高当期純利益率　　単位：%

年　度	2010	2011	2012	2013	2014
かんぽ生命	0.6	0.5	0.8	0.6	0.8
第一生命	0.4	0.4	1.2	2.0	3.2

② 総資本回転率　　単位：回転 / 年

年　度	2010	2011	2012	2013	2014
かんぽ生命	0.1	0.1	0.1	0.1	0.1
第一生命	0.1	0.1	0.1	0.1	0.1

③ 財務レバレッジ　　単位：倍

年　度	2010	2011	2012	2013	2014
かんぽ生命	83.2	76.2	66.8	59.2	49.1
第一生命	40.3	34.7	28.9	18.4	12.8

（出所）かんぽ生命［各年度版］；第一生命［各年度版］により作成。

高い安全性　かんぽ生命の安全性分析では，保険業界の行政監督上の指標の1つである，ソルベンシー・マージン比率を用いる。図表 4.9 はソルベンシー・マージン比率の推移を表したものである。

かんぽ生命のソルベンシー・マージン比率は非常に高い水準にある。このことから，かんぽ生命の支払い余力は十分であり，安全性は高いことがわかる。

かんぽ生命のファンダメンタル分析の3つの特徴　ここまでの分析によ

図表 4.9　ソルベンシー・マージン比率　　単位：%

年　度	2010	2011	2012	2013	2014
かんぽ生命	1153.9	1336.9	1467.9	1623.4	1641.4
第一生命	547.7	575.9	715.2	772.1	913.2

（出所）かんぽ生命［各年度版］；第一生命［各年度版］により作成。

り，明らかになったかんぽ生命の収益性・安全性の特徴は次の3点である。第1の特徴は，安定した収益性である。ROA，ROEともに比較対象企業の第一生命と大きな差はなく，安定した推移を示してきた。

第2の特徴は，責任準備金，およびその戻入額の大きさである。過去の保険契約から発生する責任準備金が極めて大きく，またその戻入額も収益の大きな割合を占めている。一般に責任準備金は，掛け捨てとなる定期保険では小さく，貯蓄性の高い終身・養老保険では高くなる。かんぽ生命が株式会社化以前より全国の郵便局で販売してきた終身・養老保険中心の簡易保険により，責任準備金は大きくなったといえる。この責任準備金（負債項目）の大きさにより，財務レバレッジが高まり，ROEの大きさの一因にもなっている。

第3の特徴は，高い安全性である。ソルベンシー・マージン比率は，一般的な健全性の基準（200%）と比べても，また第一生命と比べても十分に高い水準にある。

3 日本郵便

この節では，日本郵便のファンダメンタル分析を行う。本章1～2節で述べたとおり，制度としてはユニバーサルサービス提供義務は日本郵便，およびその親会社である日本郵政にのみ課されている。公平性を重視し，山間僻地，離島を含めて全国津々浦々に張り巡らされた郵便局ネットワークが，日本郵政グループの持つ特徴である一方で，過疎が進む地域においてはその特徴が非効率を生み出すことになる。

日本郵便のファンダメンタル分析では，日本郵便と同様に全国に営業網を持つ陸運業を営む，ヤマトHDを比較対象企業とする。また，2012年10月1日，民営化後，窓口業務を行う郵便局会社と，集配業務を行う郵便事業会社の2社が合併し，日本郵便が発足したことから，合併前の2007年度～2011年度と，合併後の2012年度～2014年度に分けて分析を進める。

3.1 5社体制下における郵便局会社と郵便事業会社

主要財務諸表数値の推移　図表 4.10 は郵便局会社の，図表 4.11 は郵便事業会社の，主要財務数値推移を表したものである。両社ともに資産，営業収益が減少傾向にある一方で，株主資本は郵便局会社が増加傾向，郵便事業会社は減少傾向になっている。特に，郵便事業会社は 2009 年度～ 2011 年度にかけて 3 年連続で当期純損失を計上しており，株主資本を減少させている。これはペリカン便との統合において発生した，郵便事業会社と日本通運との間のシステム統合の遅れが影響したものである。とはいえ，統合当初より赤

図表 4.10　郵便局会社の主要財務数値の推移　　単位：10 億円

年　度	2007	2008	2009	2010	2011
資産	3,286	3,257	3,252	3,250	3,121
負債	3,082	3,012	2,985	2,960	2,820
株主資本	205	244	267	290	301
営業収益	―*	1,293	1,264	1,256	1,208
経常利益	―	84	62	58	43
当期純利益	―	41	33	31	19

（注）＊ 2007 年度は 2007 年 10 月 1 日～ 2008 年 3 月 31 日までの半年のデータであるため割愛。
（出所）日本郵政グループ［各年度版］により作成。

図表 4.11　郵便事業会社の主要財務数値の推移　　単位：10 億円

年　度	2007	2008	2009	2010	2011
資産	2,150	2,050	1,963	1,863	1,852
負債	1,880	1,768	1,736	1,672	1,665
株主資本	269	282	227	192	187
営業収益	―*	1,865	1,813	1,780	1,765
経常利益	―	59	57	△ 89	△ 10
当期純利益	―	30	△ 47	△ 35	△ 5

（注）＊ 2007 年度は 2007 年 10 月 1 日～ 2008 年 3 月 31 日までの半年のデータであるため割愛。
（出所）日本郵政グループ［各年度版］により作成。

字幅は縮小してきており，改善の兆しは見えつつあるといえるだろう。

郵便局会社のROEを除いては低水準の資本利益率　図表4.12は郵便局会社，郵便事業会社，ヤマトHDのROAの推移を表している。経常損失を計上している2010年度，2011年度の郵便事業会社は当然であるが，その他の期間の郵便事業会社，および全期間における郵便局会社もヤマトHDのROAに遠く及ばない。

一方で，ROEの推移を表した図表4.13をみると，郵便事業会社はヤマトHDを上回っている。この原因を検討するため，かんぽ生命のときと同様，ROEを売上高純利益率と総資産回転率，財務レバレッジの3因数に分解して分析する。

低い売上高利益率と高い財務レバレッジ　図表4.14はROEを分解した3因数の推移を表したものである。売上高純利益率をみると，郵便局会社とヤマトHDの値は大きな差がないことがわかる。しかし，両社の総資産回転率と財務レバレッジは対照的である。郵便局会社の売上高純利益率は，ヤマト

図表4.12　ROAの推移　　単位：%

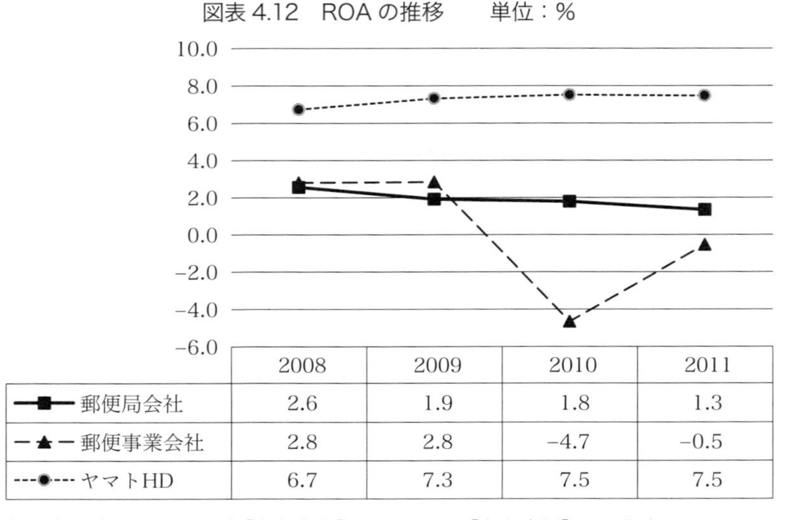

	2008	2009	2010	2011
郵便局会社	2.6	1.9	1.8	1.3
郵便事業会社	2.8	2.8	−4.7	−0.5
ヤマトHD	6.7	7.3	7.5	7.5

(出所) 日本郵政グループ［各年度版］；ヤマトHD［各年度版］より作成。

図表 4.13　ROE の推移　　単位：%

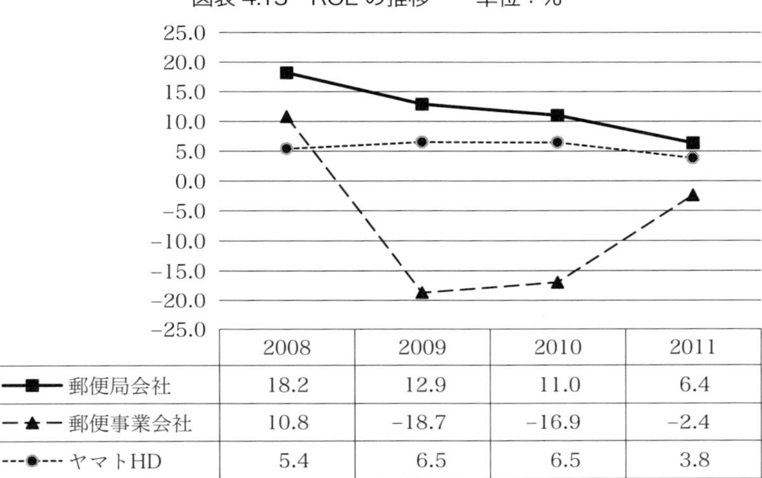

	2008	2009	2010	2011
郵便局会社	18.2	12.9	11.0	6.4
郵便事業会社	10.8	−18.7	−16.9	−2.4
ヤマトHD	5.4	6.5	6.5	3.8

（出所）日本郵政グループ［各年度版］；ヤマト HD［各年度版］より作成。

図表 4.14　ROE の分解

① 売上高当期純利益率（単位：%）

年　度	2008	2009	2010	2011
郵便局会社	3.2	2.6	2.4	1.6
郵便事業会社	1.6	−2.6	−2.0	−0.3
ヤマト HD	2.0	2.7	2.7	1.6

② 総資本回転率（単位：回転）

年　度	2010	2011	2012	2013
郵便局会社	0.4	0.4	0.4	0.4
郵便事業会社	0.9	0.9	0.9	1.0
ヤマト HD	1.4	1.4	1.4	1.4

③ 財務レバレッジ（単位：倍）

年　度	2010	2011	2012	2013
郵便局会社	14.6	12.7	11.7	10.8
郵便事業会社	7.6	7.9	9.1	9.8
ヤマト HD	1.9	1.8	1.7	1.8

（出所）日本郵政グループ［各年度版］；ヤマト HD［各年度版］より作成。

HDの3分の1以下である一方で，財務レバレッジはヤマトHDの5倍以上の水準にある。郵便局会社は保有する資産に対して低水準の収益しか獲得できておらず，レバレッジの効果をもってROEの水準を保っている。レバレッジの効果が表れないROAでは，ヤマトHDの3分の1以下の水準となっていることが分かる。

総資産回転率の低さは，金融2社が保有する資産の過少性の裏返しである可能性も指摘できる。すでに分析したとおり，ゆうちょ銀行の有形固定資産回転率は，他の3行と比べても高い水準である（図表4.4参照）。また，本章2節では分析を割愛しているが，かんぽ生命の有形固定資産回転率は第一生命のものと比べてもはるかに高い水準[5]となっている。金融2社の個人向け営業の大部分は郵便局で行われており，郵便局会社の持つ資産が過大（金融2社が持つ資産が過少）になっていることが考えられる。日本郵政グループのビジネスモデルの構造上，郵便局会社の総資産回転率は小さくなることは不可避であり，一定のROEを達成するためには財務レバレッジを高める必要がある。しかし，財務レバレッジを高めることは，ROEの変動幅を大きくする副作用があることを忘れてはならない。

短期的・長期的安全性には大きな問題なし　安全性分析を短期的安全性と長期的安全性の2つの視点より行う。短期的安全性の指標としては，流動比率（流動負債に対する流動資産の割合）を，長期的安全性の指標としては自己資本比率（総資本に対する自己資本の割合）と，固定長期適合率（返済が不要ないしは長期的である純資産と固定負債の合計に対する固定資産の割合）の2つを使用する。

図表4.15は流動比率の推移を表したものである。一般に流動比率は1.5〜2を上回っていることが望ましいとされている[6]が，郵便局会社，郵便事業

5　2011年度において，かんぽ生命の有形固定資産回転率は142.7回転。一方の第一生命の有形固定資産回転率は3.3回転となっている。これは本文中にて指摘した資産の過少性以外にも，かんぽ生命の責任準備金戻入額の多さが大きく影響していると考えられる。

6　桜井［2020］では流動比率の基準値について古くは2が一応の目安とされてきたものの，現在では売上債権や棚卸資産の管理技法が進歩したため，2もの高い比率は必要ないとしている（214-215頁）。いずれにせよ，日本郵便の流動比率からは短期的安全性には問題ないとの結論が得られる。

図表 4.15　流動比率の推移　　単位：倍

年　度	2010	2011	2012	2013
郵便局会社	1.200	1.220	1.234	1.233
郵便事業会社	0.904	0.858	0.808	0.851
ヤマト HD	1.580	1.598	1.703	1.645

（出所）日本郵政グループ［各年度版］；ヤマト HD［各年度版］より作成。

会社ともにこの水準を大きく下回っている。とくに郵便事業会社の流動比率は１を下回っており，数値上は短期的安全性に問題があるようにも見える。しかし，流動負債の大部分は郵便局での預り金が占めており，有利子負債はほぼ無い。よって，その経営実態において，直ちに安全性に問題があるとはいえないだろう。

続いて，自己資本比率をみると，2008 年度から 2011 年度の４年間の平均で，ヤマト HD の 56.6％に比べ，郵便局会社は 8.6％，郵便事業会社は 11.4％と，ともにかなり低い値となっている。これにより，長期的安全性について注意が必要にも見える。しかし，郵便局会社，郵便事業会社ともに負債の主要項目は貯金，保険の払渡し等に必要となる資金をゆうちょ銀行，かんぽ生命から前受けしている預り金であり，目立った有利子負債はない。図表 4.16 より固定長期適合率においても基準となる１以下をおおむね達成[7]しており，長期的安全性にも問題ないといえる。

図表 4.16　固定長期適合率の推移　　単位：倍

年　度	2010	2011	2012	2013
郵便局会社	0.704	0.726	0.720	0.744
郵便事業会社	1.049	1.074	1.095	1.077
ヤマト HD	0.731	0.724	0.707	0.714

（出所）日本郵政グループ［各年度版］；ヤマト HD［各年度版］より作成。

7　郵便事業会社の固定長期適合率は１～1.1 の間で推移しているが，２社を単純合計した固定長期適合率をみると１を下回っており，概ね基準をクリアしていると評価できると考える。

3.2 4社体制下における日本郵便

主要財務数値の推移　図表4.17は，郵便局会社と郵便事業会社が統合して発足した日本郵便の主要財務数値推移を表したものである。上場を控えた2014年9月に日本郵政グループ内における資本の再構成を実施し（図表4.18参照），日本郵便は日本郵政の引受けによる約6,000億円の増資を実施した。

図表4.17　郵便局会社の主要財務数値の推移　　　単位：10億円

年　度	2012	2013	2014
資産	4,807	4,802	5,442
負債	4,263	4,241	4,463
株主資本	543	561	986
営業収益	－*	2,774	2,819
経常利益	－	53	22
当期 純利益	－	33	15

（注）* 統合が2012年度途中（2012年10月1日）であり，2012度のフロー項目には郵便事業会社の2012年4月～9月の値が含まれていないため割愛する。
（出所）日本郵政グループ［各年度版］により作成。

図表4.18　日本郵政グループにおける資本の再構成

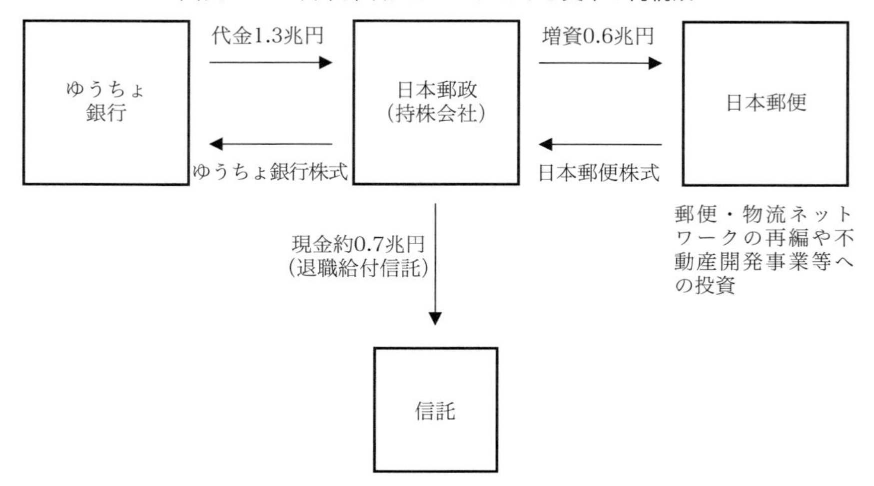

（出所）日本郵政株式会社2014年9月29日社長会見により筆者作成。

日本郵便はこれにより「郵便・物流ネットワークの再編や不動産開発事業等への投資」（日本郵政グループ［2014］11頁）を行うとしている。しかしながら同時に行われた退職給付に関する会計方針の変更により，約1,800億円の退職給付引当金の積み増しを行っており，実質的に増加した株主資本は約4,200億円となっている。

図表4.19　ROAの推移　　単位：%

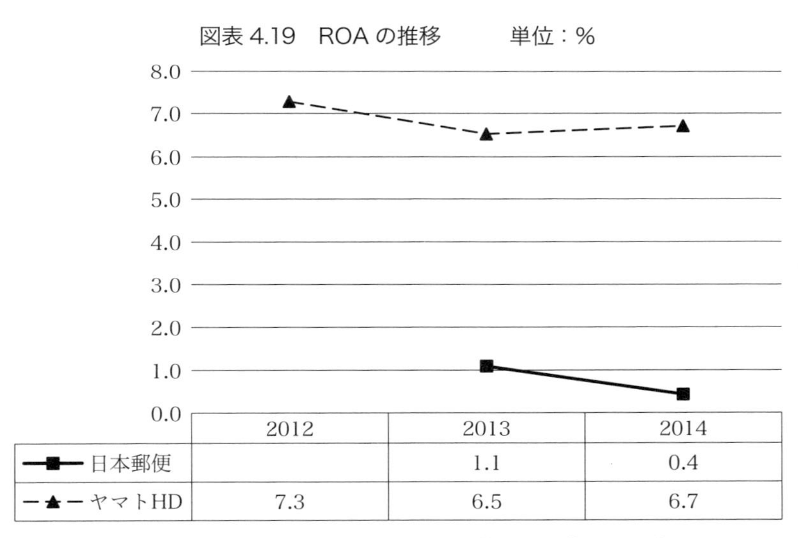

	2012	2013	2014
日本郵便		1.1	0.4
ヤマトHD	7.3	6.5	6.7

（出所）日本郵政グループ［各年度版］；ヤマトHD［各年度版］より作成。

図表4.20　ROAの分解

① 売上高事業利益率　　単位：%

年　度	2012	2013	2014
日本郵便	―	1.9	0.8
ヤマトHD	5.3	4.7	5.1

② 総資本回転率　　単位：回転 / 年

年　度	2012	2013	2014
日本郵便	―	0.6	0.6
ヤマトHD	1.4	1.4	1.3

（出所）日本郵政グループ［各年度版］；ヤマトHD［各年度版］より作成。

ペリカン便との統合の影響で2009年度以降純損失を計上していた郵便事業は，統合後2012年度，2013年度に営業利益ベースで黒字化しているものの，2014年度に再度営業損失を計上するなど不安定な経営を強いられている。日本郵便は，金融2社からの代理業務手数料に支えられた郵便局部門の黒字に支えられているといえるだろう。

統合後も低水準の収益性　図表4.19は統合後の日本郵便とヤマトHDのROAの推移を表している。統合前の傾向と変わらず，日本郵便はヤマトHDに大きく水をあけられている。ROAを売上高事業利益率と総資本回転率の2因数に分解すると，両指標ともにヤマトHDが日本郵便を大きく上回っていることがわかる（図表4.20）。統合してもなお，日本郵便の収益性はかなり低いものであるといえる。

短期的・長期的安全性には大きな問題なし　図表4.21は流動比率の推移を表したものである。日本郵便はヤマトHDを下回っているものの，基準となる1を上回っており，短期的安全性には問題がない。

一方，日本郵便の2012年から2014年の3年間平均の自己資本比率13.7%は，ヤマトHDの同平均54.0%を大きく下回っている。しかし，グループ内

図表4.21　流動比率の推移　　単位：倍

年　度	2012	2013	2014
日本郵便	1.2	1.2	1.4
ヤマトHD	1.6	1.5	1.6

（出所）日本郵政グループ［各年度版］；ヤマトHD［各年度版］より作成。

図表4.22 固定長期適合率の推移　　単位：倍

年　度	2012	2013	2014
日本郵便	0.9	0.9	0.7
ヤマトHD	0.7	0.7	0.7

（出所）日本郵政グループ［各年度版］；ヤマトHD［各年度版］より作成。

での資本の再構成の影響で改善の兆しがあること，統合前と同様目立った有利子負債が見られないこと，図表4.22から固定長期適合率が基準となる1以下を満たしていることから，長期的安全性についても問題ないといえる。

日本郵便のファンダメンタル分析の２つの特徴　ここまでの分析により，明らかになった日本郵便の収益性・安全性の特徴は次の2点である。第1の特徴は，低水準の資本利益率である。分析期間が，ペリカン便との統合問題を抱えていた時期と重なることも一因ではあるが，ヤマトHDと比較してもかなり低い水準の収益性となっている。ここでは，ユニバーサルサービスを求められることから，日本郵便が十分な収益性を追求できていないことが示唆されている。

第2の特徴は，郵便事業会社と郵便局会社との統合の前後では大きな変化が見られないという点である。サービスの一体性の実現と経営の効率化を目指して行われた両社の統合だが，収益性の観点からはその効果が発現していることは確認できない[8]。

8　統合の効果の詳細な分析は渡邊［2016］にて行っているので参照されたい。

第5章

郵政事業のファンダメンタル分析(2)

― 株式上場後の推移 ―

2015年11月4日，日本郵政，ゆうちょ銀行，かんぽ生命は東京証券取引所1部に上場した。詳細は第3章2節および3節にて述べているが，東日本大震災の復旧・復興財源の確保，日本郵政グループ，特に金融2社の経営自由化の実現が大きな目的とされていた。本章では，民営化の最終段階ともいえる上場を迎えたあとの，2016年度～2021年度の日本郵政グループのファンダメンタルを分析し，上場後の変化と，どのような将来を描けるかについて論じる。

1 ゆうちょ銀行

上場前の分析を行った第4章1節と同様，ゆうちょ銀行の上場後のファンダメンタル分析においては，全国に支店網を持つ，みずほ銀行，三井住友銀行ならびに三菱UFJ銀行を比較対象企業[1]とする。

主要財務数値の推移　図表5.1は，ゆうちょ銀行の主要財務数値の推移を表したものである。ゆうちょ銀行の総資産は2010年度に底を打ち，2019年度には民営化初年度の2007年度の水準を回復している。同時に負債も増加傾向にあるが，その要因は貯金の増加であり，直ちに財務状態に問題を起こすものではない。一方で，収益および利益は上場前からの減少傾向が続いていたが，これらも2019年以降は上昇を見せている。ゆうちょ銀行では貸出業務が認可されておらず，収益の多くを有価証券等の運用で得ていることか

1　3行ともに連結財務データを用いている。

図表 5.1　ゆうちょ銀行の主要財務数値[2] の推移　　　単位：10 億円

年　度	2016	2017	2018	2019	2020	2021
資産	209,569	210,631	208,970	210,905	223,848	232,922
負債	197,789	199,117	197,620	201,918	212,485	222,659
株主資本	8,730	8,895	8,973	9,059	9,245	9,412
経常収益	1,897	2,045	1,845	1,799	1,946	1,977
経常利益	442	500	374	379	394	491
当期純利益	312	353	266	273	280	355

(出所) ゆうちょ銀行［各年度版］により作成。

ら，低金利政策の影響が大きいといえる。

上場後も大きな収益性の改善は見られず　上場後のゆうちょ銀行の収益性について分析する。図表 5.2 はゆうちょ銀行，みずほ銀行，三井住友銀行，三菱 UFJ 銀行の 4 行の ROA（総資本事業利益率）の推移を表したものである。ゆうちょ銀行を除く 3 行は互いに高い相関がある一方で，ゆうちょ銀行は 3 行より低水準，かつ 3 行とは異なり安定した動きをしていることがわかる。図表 5.3 の ROE（自己資本純利益率）の推移についても，2018 年度にみずほ銀行がシステムのソフトウェアに係る約 7,000 億円の減損損失を，2019 年度に三菱 UFJ 銀行が 3,600 億円ののれんの減損損失を計上した関係で，それぞれ大きく下降しているが，その他の年度をみるとゆうちょ銀行の動きが他行の動きとは異なり，比較的低水準で安定していることがわかる。

第 4 章 1 節でも指摘したが，ゆうちょ銀行の収益構造は他行と大きく異なる。図表 5.4 はコロナ禍の影響が出る前の 2019 年と，その 10 年前の 2009 年の経常収益の内訳を表したものである。ゆうちょ銀行は他の 3 行に比べ，有価証券利息の占める割合が極端に高いことがわかる。2009 年度に比べ 2019 年度の割合は低下したとはいえ，70％を超えている。これは，政府がゆうちょ銀行の親会社である日本郵政の株式を保有する形で，間接的ではあ

2　データは単体財務諸表のデータを用いている。

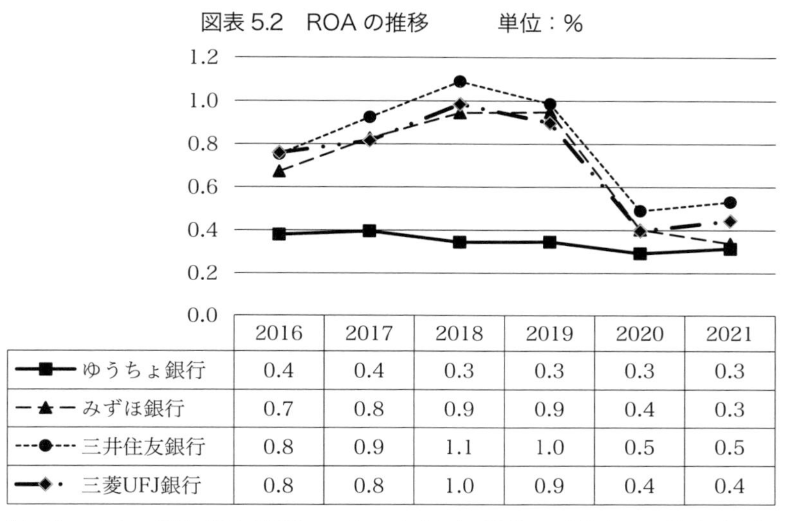

図表 5.2　ROA の推移　　単位：%

	2016	2017	2018	2019	2020	2021
ゆうちょ銀行	0.4	0.4	0.3	0.3	0.3	0.3
みずほ銀行	0.7	0.8	0.9	0.9	0.4	0.3
三井住友銀行	0.8	0.9	1.1	1.0	0.5	0.5
三菱UFJ銀行	0.8	0.8	1.0	0.9	0.4	0.4

（出所）ゆうちょ銀行［各年度版］；みずほ FG［各年度版］；三井住友 FG［各年度版］；三菱 UFJFG［各年度版］により作成。

るものの影響力を有していることにより，ゆうちょ銀行が貸出業務等の新規事業の認可を得られていない（民業圧迫論）という背景によるものである。収益性が他の3行とは異なる動きをし，かつ低水準であるのはこれに起因するものといえる。

とはいえ，ゆうちょ銀行も収益性の改善に注力していないわけではない。図表5.5は2009年度及び2019年度のゆうちょ銀行が保有している有価証券の内訳を表したものである。ここからは，2009年度には90％近くあった国債の保有割合が40％程度まで下がっていることが明らかになる。保有金額としても，150兆円を超えていた国債保有額が50兆円強まで減少しており，よりリスクをとった資産運用による収益性向上への試みがみてとれる。

しかし，この試みは収益性の向上に十分に結びついているとはいえない。ゆうちょ銀行が国債に代わって保有割合を上昇させているのは，外国債券および投資信託であり，依然として十分にリスクを取った投資戦略を描けているとまではいえない。これまで歴史的に国債での資産運用を中心としてきたことから，ゆうちょ銀行においては適切なリスク管理を行うノウハウが十分

図表 5.3　ROE の推移　　単位：%

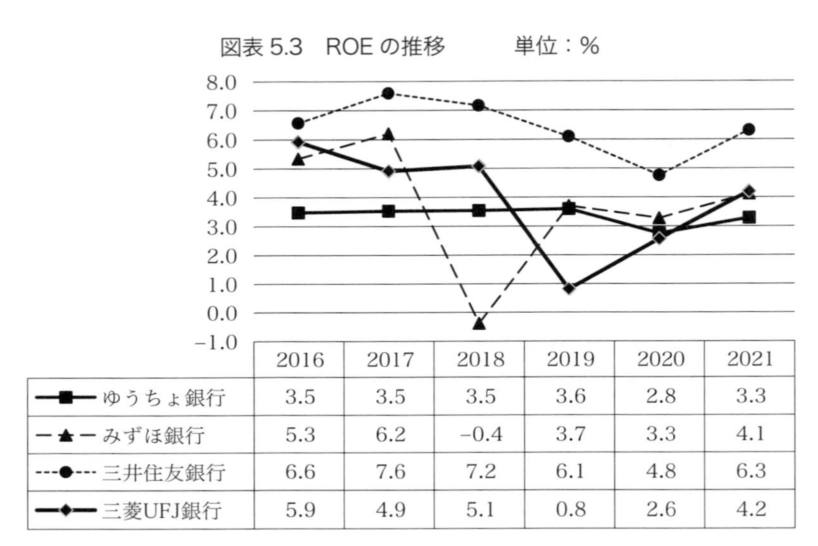

	2016	2017	2018	2019	2020	2021
ゆうちょ銀行	3.5	3.5	3.5	3.6	2.8	3.3
みずほ銀行	5.3	6.2	−0.4	3.7	3.3	4.1
三井住友銀行	6.6	7.6	7.2	6.1	4.8	6.3
三菱UFJ銀行	5.9	4.9	5.1	0.8	2.6	4.2

(出所) ゆうちょ銀行［各年度版］; みずほ FG［各年度版］; 三井住友 FG［各年度版］; 三菱 UFJFG［各年度版］により作成。

図表 5.4　収益構造の推移　　単位：%

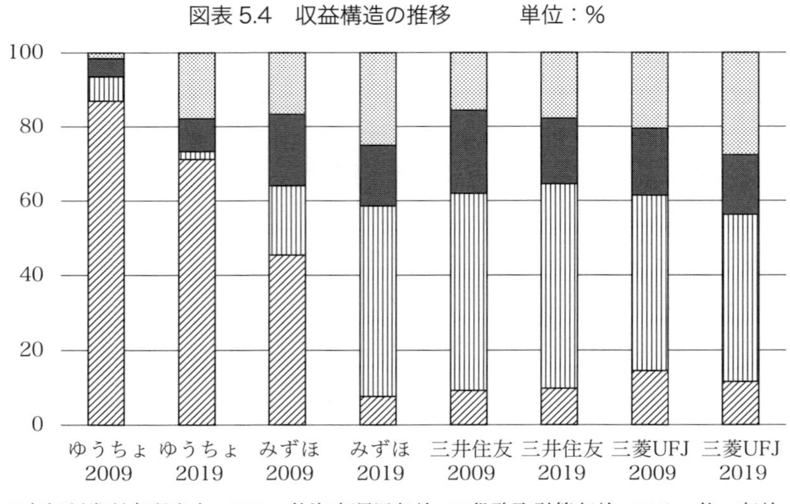

(出所) ゆうちょ銀行［各年度版］; みずほ FG［各年度版］; 三井住友 FG［各年度版］; 三菱 UFJFG［各年度版］により作成。

図表 5.5　ゆうちょ銀行の保有有価証券の内訳　　単位：%

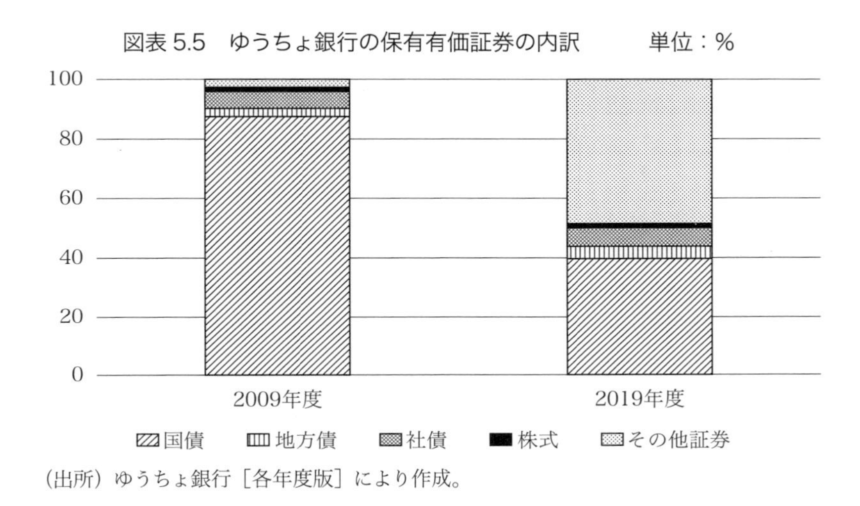

（出所）ゆうちょ銀行［各年度版］により作成。

に蓄積されていない点も，収益性が顕著には向上しない一因であろう。

上場後は，一般の株主からの収益性向上による企業価値最大化圧力が高まることが想定される一方で，株式の売却が進まない現状においては，貸出業務等の新規事業を行うなどの，当初の上場目的であった経営の自由化が達成されることは難しく，したがってリスク管理体制の構築と投資戦略の策定が直近の最優先課題となるだろう。また，株式の売却スケジュールを含めた，経営の自由度を獲得するための具体的なビジョンを示す必要があり，それができなければ，ゆうちょ銀行への市場の評価[3]はより厳しいものとなる。その結果さらに株式売却の進行が遅れるという負のスパイラルに陥ることも考えられる。

資産の効率的な利用には疑問符　続いて，第４章１節で指摘したゆうちょ銀行の有形固定資産回転率の高さについて，上場以降の推移を分析する。図表 5.6 は上場後の有形固定資産回転率の推移を表したものであるが，ゆうちょ銀行が極めて高い水準で推移している状況に変化はない。第４章１節ではゆうちょ銀行業務の多くが日本郵便の保有する郵便局で行われており，自前の

3　株式市場におけるゆうちょ銀行の評価については第６章２節において詳しく分析を試みる。

図表 5.6　有形固定資産回転率　　　単位：回転

年　度	2016	2017	2018	2019	2020	2021
ゆうちょ銀行	10.6	11.2	9.4	9.1	9.9	10.1
みずほ銀行	3.0	3.4	4.0	3.9	2.7	3.6
三井住友銀行	2.6	2.5	2.4	2.5	2.1	2.3
三菱 UFJ 銀行	3.9	3.9	4.5	5.1	4.1	4.2

（出所）ゆうちょ銀行［各年度版］；みずほ FG［各年度版］；三井住友 FG［各年度版］；三菱 UFJFG［各年度版］により作成。

施設で全国での営業を行っているみずほ銀行や三井住友銀行と比べると有形固定資産が低水準となっている可能性を指摘したが，上場後もその状況に変化はない。しかし，使用する総資本に対する売上高の割合を表す総資本回転率は，他の 3 行の半分程度の水準（2016 ～ 2021 年度の平均：ゆうちょ銀行 0.009 回転，みずほ銀行 0.016 回転，三井住友銀行 0.016 回転，三菱 UFJ 銀行 0.018 回転）となっており，有形固定資産が少ない状態で営業を行えるメリットを十分に生かし切れていない点は，看過されてはならないであろう。

自己資本比率の下げ止まりと収益性向上への手詰まり感　図表 5.7 はリスクアセットに対する自己資本の割合を表す自己資本比率の推移を示したものである。第 4 章 1 節で行った上場以前の分析では，ゆうちょ銀行の自己資本比率の高さを指摘した。しかし，上場前から低下を始めていたゆうちょ銀行の自己資本比率は上場後もさらに低下を続け，2017 年度以降はみずほ銀行，三井住友銀行よりも低い水準となっている。これはゆうちょ銀行の安全性に問題が発生したということではなく，国債投資からの脱却をはかる過程でリスクアセットが増加したためである。とはいえ，国内業務を行うための最低水準である 4%[4] は十分に超えており，この水準を基準とした場合には安全性の問題はないといえる。

しかしながら，リスクをとる運用をさらに増加させた場合，他の条件が等

4　平成十二年総理府・大蔵省令第三十九号「銀行法第二十六条第二項に規定する区分等を定める命令」による。

図表5.7　リスクアセットに対する自己資本比率　　単位：%

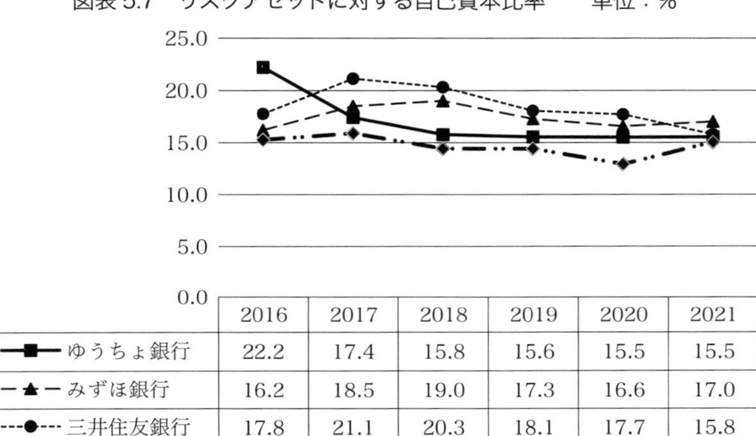

	2016	2017	2018	2019	2020	2021
ゆうちょ銀行	22.2	17.4	15.8	15.6	15.5	15.5
みずほ銀行	16.2	18.5	19.0	17.3	16.6	17.0
三井住友銀行	17.8	21.1	20.3	18.1	17.7	15.8
三菱UFJ銀行	15.3	15.9	14.4	14.4	12.9	15.0

（注）ゆうちょ銀行は国内基準，みずほ銀行と三井住友銀行は国際統一基準を採用しており，単純に比較はできない点に注意が必要。
（出所）ゆうちょ銀行［各年度版］；みずほFG［各年度版］；三井住友FG［各年度版］；三菱UFJFG［各年度版］により作成。

しければ，同社の自己資本比率は他行のそれを下回り，安全性に問題が生じる可能性がある。新規事業が認可されない現状では，ゆうちょ銀行の収益性向上策に手詰まり感があることは否めないだろう。

リスク管理体制の強化と投資戦略の検討が必要　ここまでの分析により，明らかになった上場後のゆうちょ銀行の収益性・安全性の特徴は次の2点である。第1は，低収益の状況の継続である。民営化後，収益全体に占める有価証券利息の割合は減少したものの，2019年度時点で約70%と，比較対象となる3行の10%前後と比べて依然として著しく高い水準にある。保有する有価証券の内訳も2019年度時点で約40%を国債が占めており，ゼロ金利政策がとられるマクロ的要因の影響を強く受ける収益構造が温存されている。

第2は，自己資本比率の減少である。上場前より自己資本比率は減少傾向にあったが，上場後は比較対象企業と同程度の水準となっている。この当該比率はリスク資産に対する自己資本の割合を表すものであり，この数値からゆうちょ銀行が他行と同程度のリスクを負っていることがわかる。

以上の2つの特徴より，上場後のゆうちょ銀行は数値上では他行と同等のリスクをとっているにもかかわらず，低収益ということになる。これは，リスクに見合った収益をあげられていないことを示唆している。しかし，この点は必ずしもゆうちょ銀行の自助努力のみで打開できるものではない。株式の売却が思うように進まず，新規事業の認可が見込めない中で，収益の柱が有価証券利息となることはやむを得ず，同社が置かれた状況の中での最善を探る動きは見て取れる。今後は，株式の売却が進み貸出し等の新規事業が可能となる近未来を見すえ，リスク管理体制の強化とより積極的な投資戦略の検討が必要になるといえるだろう。

2 かんぽ生命

上場後のかんぽ銀行のファンダメンタル分析においては，上場前の分析を行った第4章1節と同様，第一生命を比較対象企業とする。

主要財務数値の推移　図表5.8は，かんぽ生命の主要財務数値の推移を表したものである。上場前から進む資産の減少は上場後も継続し，2016年度から2021年度で約13兆円減少している。第4章1節でも指摘したとおり，責任準備金の減少も進んでおり，2016年度から2021年度にかけて資産同様，

図表5.8　かんぽ生命の主要財務数値の推移　　単位：10億円

年　度	2016	2017	2018	2019	2020	2021
資産	80,337	76,831	73,905	71,665	70,174	67,175
負債	78,484	74,828	71,770	69,736	67,335	64,756
株主資本	1,527	1,595	1,675	1,661	1,031	873
経常収益	8,659	7,953	7,917	7,211	6,786	6,454
経常利益	280	309	265	287	345	356
当期純利益	89	104	120	151	166	158

（出所）かんぽ生命［各年度版］により作成。

約13兆円減少している。また，経常収益も減少傾向を示している。責任準備金の戻入額は増加傾向にあるため，経常収益の減少の主たる要因は保険料収入の減少ということになる。保険契約の推移等については，後ほど考察するが，保険商品の不正販売問題から立ち直るのに時間がかかることが予測されることから，同社においては当面厳しい経営が続くものと推測される。

低水準のROAとROEの改善　図表5.9は，上場後のかんぽ生命と第一生命のROAの推移を表している。かんぽ生命は第一生命よりも低い水準であるが，2018年度以降上昇している。一方，上場前に徐々に低下していたROEも，図表5.10をみると上場前の水準（上場前5年の平均は5.48％）を超え，第一生命とほぼ同じ水準となっている。ROEを売上高純利益率と総資産回転率，財務レバレッジの3因数に分解して詳細を分析する（図表5.11参照）と，収益の減少の影響による総資産回転率の低下がみられ，また，責任準備金の減少による財務レバレッジの低下の影響も大きいことがわかる。一方で，売上高純利益率は上昇基調にある。これが2016年度から2019年度にかけてのROEの上昇に繋がっているが，それ以降は総資産回転率および

図表5.9　ROAの推移　　単位：%

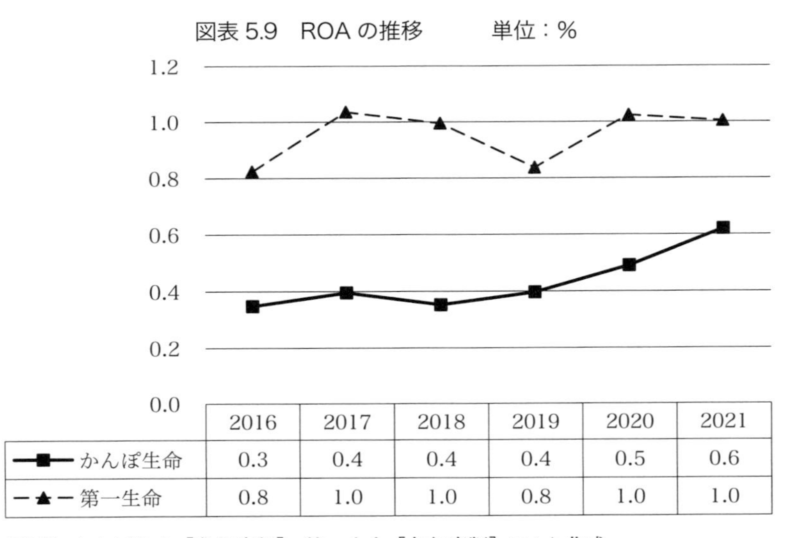

	2016	2017	2018	2019	2020	2021
かんぽ生命	0.3	0.4	0.4	0.4	0.5	0.6
第一生命	0.8	1.0	1.0	0.8	1.0	1.0

(出所) かんぽ生命［各年度版］；第一生命［各年度版］により作成。

図表 5.10　ROE の推移　　　単位：%

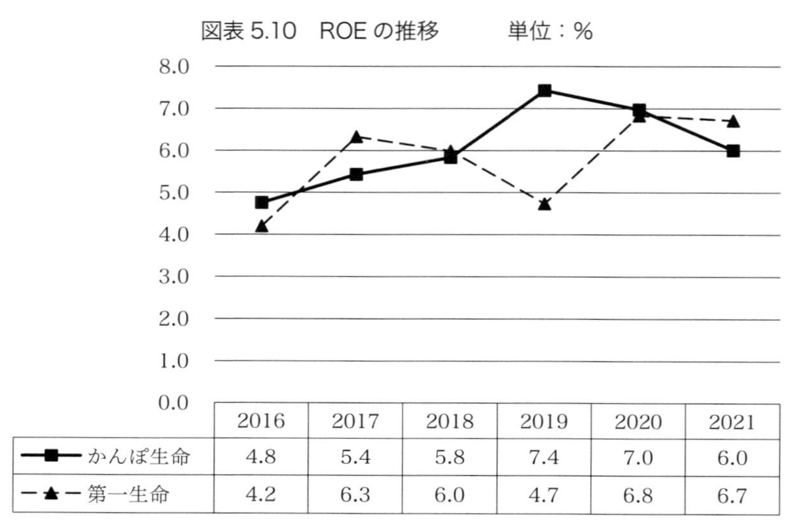

	2016	2017	2018	2019	2020	2021
かんぽ生命	4.8	5.4	5.8	7.4	7.0	6.0
第一生命	4.2	6.3	6.0	4.7	6.8	6.7

（出所）かんぽ生命［各年度版］；第一生命［各年度版］により作成。

図表 5.11　ROE の分解

① 売上高当期純利益率　　　単位：%

年　度	2016	2017	2018	2019	2020	2021
かんぽ生命	1.0	1.1	1.5	2.1	2.4	2.4
第一生命	3.0	4.5	4.6	3.5	5.1	4.5

② 総資本回転率　　　単位：回転

年　度	2016	2017	2018	2019	2020	2021
かんぽ生命	0.1	0.1	0.1	0.1	0.1	0.1
第一生命	0.1	0.1	0.1	0.1	0.1	0.1

③ 財務レバレッジ　　　単位：倍

年　度	2016	2017	2018	2019	2020	2021
かんぽ生命	43.4	40.8	36.5	35.9	29.8	26.1
第一生命	12.8	13.4	12.5	13.3	13.1	13.1

（出所）かんぽ生命［各年度版］；第一生命［各年度版］により作成。

財務レバレッジの低下の影響の方が大きく，ROEが再び減少に転じている。

ROEは上昇するも収益性の改善には疑問符　かんぽ生命の経常収益は減少傾向にあり，特に保険料等収入は2016年度に約5兆円あったものが2021年度には約2.4兆円に半減している。一方で，保険金等支払額も，2016年度に約7.6兆円あったものが2021年度には5.5兆円，と大きく減少している。保険料収入の減少の効果は，保険金等支払額の減少により一定程度相殺されているといえる。

図表5.12において，かんぽ生命の損益を下記の3つに区分して推移を示した。

①保険契約関連（保険料等収入+責任準備金繰入額－保険金等支払額－事業費）

②資産運用関連（資産運用収益－資産運用費用）

③その他（その他経常収益－その他経常費用）

これらの推移から，保険契約関連および資産運用関連の損益は減少ないしは現状維持であることがわかる。かんぽ生命は，保険料収入の減少による経常収益（売上高）の減少と，その他収益の増加による当期純利益の維持によって，売上高純利益率の上昇を達成しているといえるだろう。保険料収入の減少傾向に改善の兆しはなく[5]，将来にわたる収益性の向上を予測することは現時点では難しいといわざるを得ない。

さらに，図表5.13で示したかんぽ生命の保有契約年換算保険料の推移[6]をみると，当然のことながら，旧区分の契約は順次満期を迎えていくため，その残高は減少していることがわかる。その減少幅は小さくなってはいるが，その減少を補うだけの新契約の増加がなく（むしろ2018年度以降は減少しており），全体としての契約は減少している。この傾向を食い止めない限り

5　不正販売による業務停止命令の影響が大きく表れる，2019年度，2020年度の保険料収入は前年度比△18.0%，△16.9%と大きく減少しており，このまま減少を続けると，保険料収入が責任準備金の戻入額を下回る可能性も出てきている。

6　旧契約は，民営化前の簡易生命保険契約を示しており，新区分はかんぽ生命が引き受けた保険契約を示している。

図表 5.12　かんぽ生命の区分別損益　　　単位：10 億円

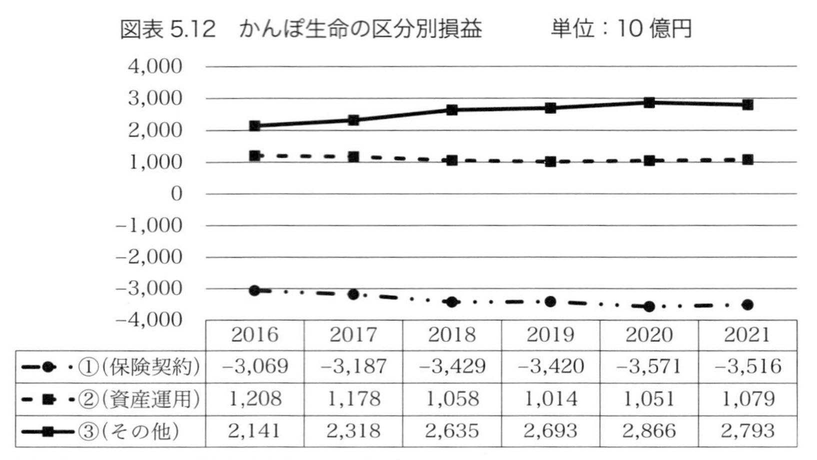

	2016	2017	2018	2019	2020	2021
①(保険契約)	−3,069	−3,187	−3,429	−3,420	−3,571	−3,516
②(資産運用)	1,208	1,178	1,058	1,014	1,051	1,079
③(その他)	2,141	2,318	2,635	2,693	2,866	2,793

（出所）かんぽ生命［各年度版］により作成。

図表 5.13　保有契約年換算保険料の推移　　　単位：10 億円

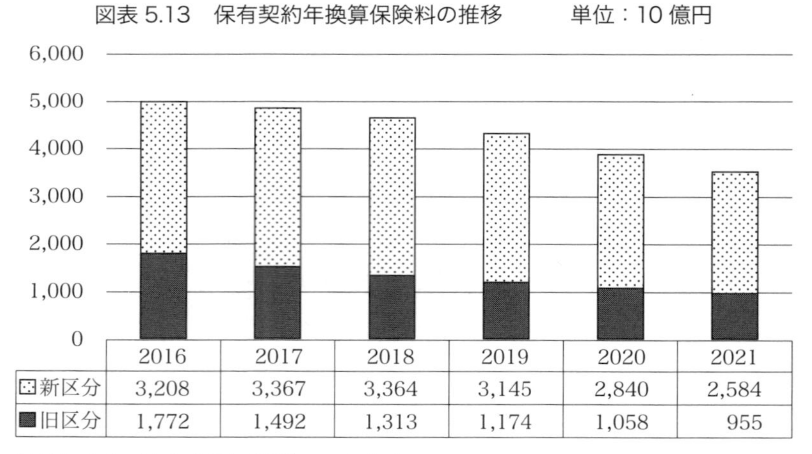

	2016	2017	2018	2019	2020	2021
新区分	3,208	3,367	3,364	3,145	2,840	2,584
旧区分	1,772	1,492	1,313	1,174	1,058	955

（出所）かんぽ生命［各年度版］により作成。

は，収益性の改善はおぼつかないであろう[7]。

十分な安全性を堅持　かんぽ生命の安全性分析では，第 4 章 2 節に続き，

7　2020 年度の新契約の保有契約年換算保険料は，前年度比約 10%減の，2 兆 8,400 億円となっており，不正販売の影響が色濃く表れている。

図表 5.14　ソルベンシー・マージン比率　　単位：%

年　度	2016	2017	2018	2019	2020	2021
かんぽ生命	1290.6	1131.8	1189.8	1070.9	1121.2	1042.4
第一生命	850.5	881.8	970.8	984.4	937.2	907.3

（出所）かんぽ生命［各年度版］；第一生命［各年度版］により作成。

ソルベンシー・マージン比率を用いる。図表 5.14 はソルベンシー・マージン比率の推移を表したものである。

上場前に第一生命と比べ高い水準にあったかんぽ生命のソルベンシー・マージン比率であるが，上場後は減少しており，第一生命とほぼ同じ水準になっている。業績監督上求められる水準に比べると十分に高い水準にあり，かんぽ生命が高い安全性を保っていることに変わりはない。当該比率の減少傾向がコントロールされたものであるか否かを注視していく必要があるだろう。

責任準備金の影響を大きく受けた収益構造の継続　ここまでの分析により，明らかになった上場後のかんぽ生命の収益性・安全性の特徴は，責任準備金の戻入れの影響の大きさの継続である。保険契約の減少に伴う保険料収入の減少が続いており，2021 年度においては経常収益の約 44％を責任準備金戻入額が占めている。ROA，ROE などの収益性指標は改善をみせているが，過去の保険契約によって生じた責任準備金が，現在の収益性に大きな影響を与えているといえ，不正販売問題などによる影響を考えると将来にわたって収益性の改善を見通すことは難しい。

上場前より安定した収益性を堅持してきたかんぽ生命であるが，過去の遺産ともいえる責任準備金の戻入額が財務数値に大きな影響を与えている。この状況から脱却するために保険商品の見直しや，他社との提携などの施策を施してきた中での不正販売問題であり，その影響は大きい。ゆうちょ銀行同様，将来の株式売却スケジュールとそれに伴う新規事業の計画を明らかにしなければ，市場の好感を得ることは難しく，ますます株式売却スケジュールが後年度にずれ込み，経営の自由度を確保できないという負のスパイラルに陥る恐れが大きいといえる。

3 日本郵便

日本郵政グループの主要4社の中で唯一，非上場の日本郵便は，ゆうちょ銀行，かんぽ生命の完全子会社化がなされた後は日本郵政の屋台骨となることが想定される。その一方で同社は，郵便，簡易な貯蓄等，簡易な生命保険の役務をあまねく全国において利用できるようにするといういわゆるユニバーサルサービス提供義務[8]を課された公益性の高い企業といえる。こうした日本郵便の上場後のファンダメンタル分析は，第4章3節と同様，ヤマトHDを比較対象企業として行う。

主要財務数値の推移　図表5.15は，日本郵便の主要財務数値推移を表したものである。まず目につくのが2016年度の3,800億円を超える純損失の計上である。これは2015年5月に約64億豪ドル（当時のレートで約6,200億円）で買収した豪州・トール社に係る約4,000億円の減損損失の影響である。減損処理によってのれんが減少したことにより，当該のれんの償却費が毎年約200億円軽減され，減損後の経常利益は改善した。

日本郵便の営業収益は4兆円弱となっているが，その4分の1にあたる約8,000～9,000億円は，ゆうちょ銀行からの銀行業務代理手数料，かんぽ生命からの生命保険代理業務手数料，交付金・拠出金制度からの郵便局ネットワーク維持交付金（2019年度以降）が，占めている。2021年度の純利益は，銀行・保険代理手数料，交付金の合計額の10%にも満たず，今後金融2社の株式売却が進み，金融2社への株主からの収益性向上の圧力が高まった場合，代理業務手数料見直しへとつながる可能性もある。代理業務手数料の減少は，利益に大きな影響を与える可能性もあるため，注視が必要である。

トール社関連以外の収益性は改善傾向　図表5.16は，日本郵便とヤマト

8　日本郵便株式会社法 第五条「会社は，その業務の運営に当たっては，郵便の役務，簡易な貯蓄，送金及び債権債務の決済の役務並びに簡易に利用できる生命保険の役務を利用者本位の簡便な方法により郵便局で一体的にかつあまねく全国において公平に利用できるようにする責務を有する。」

図表 5.15　日本郵便の主要財務数値の推移　　　単位：10 億円

年　度	2016	2017	2018	2019	2020	2021
資産	5,091	5,099	5,183	5,179	5,176	5,181
負債	2,057	4,268	4,268	4,324	4,304	4,271
株主資本	682	740	837	798	808	870
営業収益	3,759	3,882	3,961	3,839	3,838	3,657
経常利益	52	85	180	168	149	144
当期純利益	△ 385	58	127	87	55	92

（出所）日本郵便［各年度版］により作成。

HD の ROA の推移を表している。上場前にヤマト HD に大きく水をあけられていた日本郵便の ROA だが，ヤマト HD の残業代の未払い問題による業績低下と，トール社関連の減損損失計上後の，のれんの償却費減少による利益の増加により，2019 年度にはヤマト HD とほぼ同水準となった。しかし，その後のコロナ禍において，EC 需要の増加などにより収益性が向上したヤマト HD に対し，日本郵便の ROA は停滞し，再び水をあけられた状態である。

図表 5.16　ROA の推移　　　単位：%

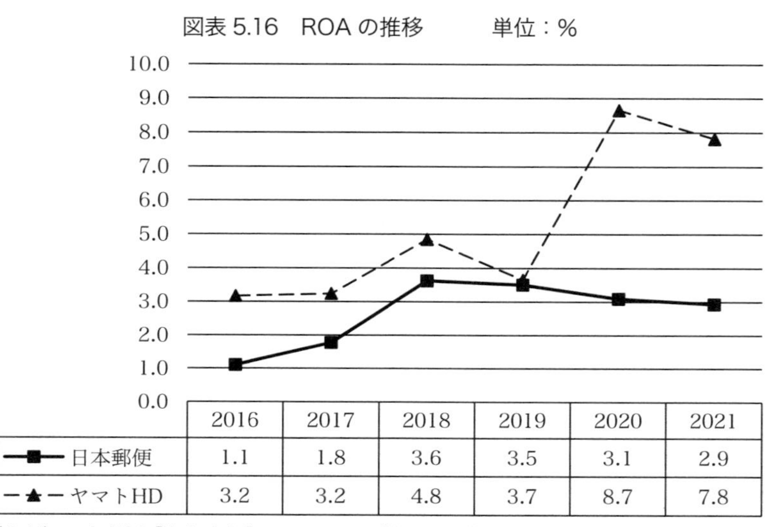

	2016	2017	2018	2019	2020	2021
日本郵便	1.1	1.8	3.6	3.5	3.1	2.9
ヤマトHD	3.2	3.2	4.8	3.7	8.7	7.8

（出所）日本郵便［各年度版］；ヤマト HD［各年度版］により作成。

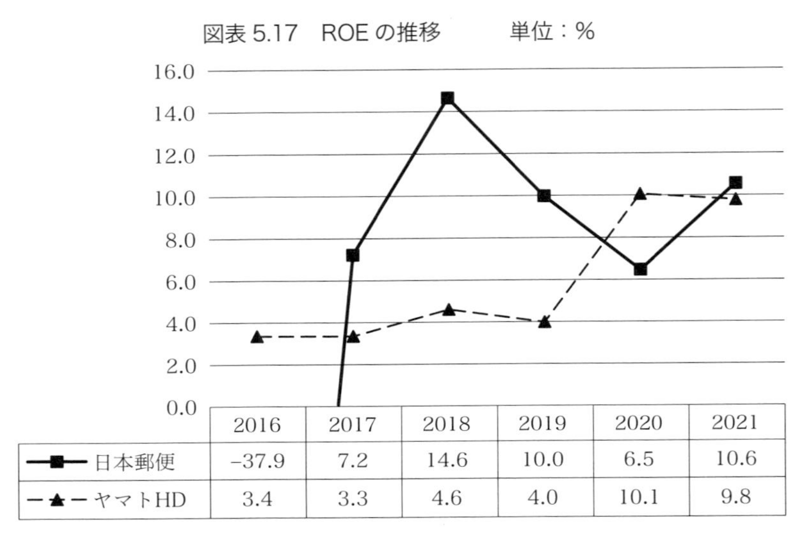

	2016	2017	2018	2019	2020	2021
日本郵便	−37.9	7.2	14.6	10.0	6.5	10.6
ヤマトHD	3.4	3.3	4.6	4.0	10.1	9.8

図表 5.17　ROE の推移　　単位：%

（出所）日本郵便［各年度版］；ヤマト HD［各年度版］により作成。

図表 5.18　ROE の分解

① 売上高当期純利益率　　単位：%

年　度	2016	2017	2018	2019	2020	2021
日本郵便	−10.2	1.5	3.2	2.3	1.4	2.5
ヤマト HD	1.2	1.2	1.6	1.4	3.4	3.2

② 総資本回転率　　単位：回転

年　度	2016	2017	2018	2019	2020	2021
日本郵便	0.7	0.8	0.8	0.7	0.7	0.7
ヤマト HD	1.3	1.4	1.5	1.5	1.5	1.6

③ 財務レバレッジ　　単位：倍

年　度	2016	2017	2018	2019	2020	2021
日本郵便	5.3	6.3	5.9	5.9	6.1	5.9
ヤマト HD	2.0	2.0	2.0	2.0	1.9	1.9

（出所）日本郵便［各年度版］；ヤマト HD［各年度版］により作成。

図表5.17で示したROEの推移をみると，日本郵便のROEは2016年度の減損損失計上後，ヤマトHDのROEを上回っていたが，2021年度には両社のROEはほぼ同じ水準となっており，この動きは図表5.18の売上高純利益率の推移と連動している。

代理業務手数料の影響が大きい日本郵便の収益構造　ここで問題になるのは日本郵便の収益構造である。図表5.19から分かるように，日本郵便の営業収益のうち，郵便事業等収益は50％程度に過ぎず，全体の25％程度は手数料収入（銀行代理業務手数料，保険代理業務手数料，および郵便局ネットワーク維持交付金）である。2021年度の当期純利益約551億円は，代理業務手数料および郵便局ネットワーク維持交付金の合計約8,669億円の約6.4％に相当することから，手数料が数％減少するだけで利益が大きく変動することになる。

2019年度より，代理業務手数料の一部を拠出したものを，窓口サービス提供のための固定費として日本郵便に交付する郵便局ネットワークの維持の支援のための交付金・拠出金制度が創設されたが，その額は代理業務手数料全体の約3分の1である。したがって，手数料の算定基準の改訂による日本郵便の利益の増減のリスクは残存しているといえる。

高い短期的・長期的安全性　安全性分析を短期的安全性と長期的安全性の2つの視点から行う。短期的安全性の指標である流動比率はヤマトHDよりは低いものの，基準とされる1.5～2以上を満たしており，短期的安全性には問題がないといえる（図表5.20参照）。

長期的安全性とされる固定長期適合率も基準となる1以下を満たしている（図表5.21参照）。自己資本比率は日本郵便の2016年から2021年の6年間平均は16.5％と，ヤマトHDの51.0％の3分の1程度の低水準ではあるが（図表5.22参照），2021年度の有利子負債は約3,250億円であり，保有する現金預金の約15％程度に過ぎないことから，長期的安全性にも問題はないといえる。

図表 5.19　日本郵便の収益構造　　　単位：10 億円

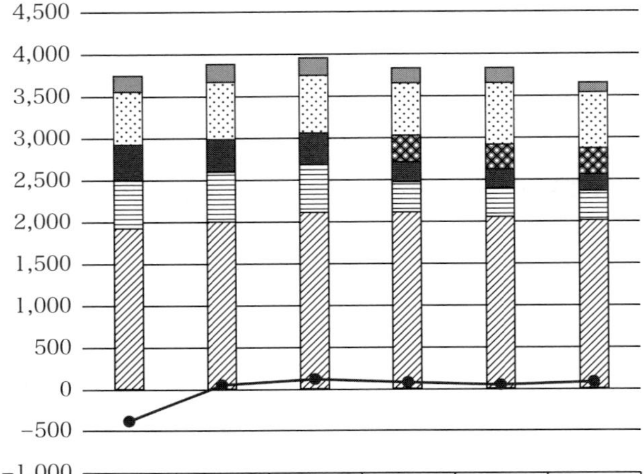

	2016	2017	2018	2019	2020	2021
その他の営業収益	199	205	206	184	171	112
国際物流業務等収益	644	704	701	635	750	687
郵便局NW維持交付金	0	0	0	295	293	291
生命保険代理業務手数料	393	372	358	249	207	190
銀行代理業務手数料	612	598	601	370	366	354
郵便業務等収益	1,910	2,002	2,096	2,107	2,050	2,022
当期純利益	−385	60	127	88	55	92

（出所）日本郵便［各年度版］により作成。

図表 5.20　流動比率の推移　　　単位：倍

年　度	2016	2017	2018	2019	2020	2021
日本郵便	1.1	1.1	1.1	1.1	1.2	1.2
ヤマト HD	1.6	1.4	1.3	1.3	1.4	1.4

（出所）日本郵便［各年度版］；ヤマト HD［各年度版］により作成。

図表 5.21　固定長期適合率の推移　　　単位：倍

年　度	2016	2017	2018	2019	2020	2021
日本郵便	0.9	0.9	0.9	0.9	0.9	0.8
ヤマト HD	0.7	0.8	0.8	0.8	0.8	0.8

（出所）日本郵便［各年度版］；ヤマト HD［各年度版］により作成。

図表 5.22　自己資本比率の推移　　単位：%

年　度	2016	2017	2018	2019	2020	2021
日本郵便	0.2	0.2	0.2	0.2	0.2	0.2
ヤマト HD	0.5	0.5	0.5	0.5	0.5	0.5

（出所）日本郵便［各年度版］；ヤマト HD［各年度版］により作成。

代理業務手数料がもたらす収益構造上のリスク　ここまでの収益性・安全性分析により，明らかになった日本郵便の特徴は，収益に占める金融2社の代理業務手数料の割合の大きさである。第1章3節で議論されたように，日本郵政グループにおけるユニバーサルサービスの確保方法は基本的には「参入規制+内部補助」型システムとして設計されている。ユニバーサルサービス義務を課された日本郵便の非効率性を，金融2社からの内部補助を受けることによって補う形での制度設計であり，実際2019年度より郵便局ネットワークの維持の支援のための交付金・拠出金制度により明示的に金融2社がユニバーサルサービスコストを負担する構造となっている（第7章4.1参照）。

当該制度によって，交付されている額は，金融2社から代理業務手数料をも合わせた記入2社からのすべての支払額の約3分の1に過ぎない。2019年度以降も，銀行・保険代理業務手数料は収益全体の15%以上を占めており，これら代理業務手数料の算定方法が変化すれば，現在の日本郵便の利益は大きく減少することになる。金融2社の株式売却が進むにつれ，金融各社の株主から収益性向上を求める声が漸次高まり，業務委託手数料見直しへの圧力が生じることも十分に予想される。

ユニバーサルサービス確保を法的に義務づけられている以上，収益性の追求には多くのハードルがあり，さらに金融2社の経営の自由度を高めることを目的とする郵政改革の延長線上においては，日本郵便の「効率性と公平性」の両立は困難を極めることが予想される。

第6章 日本郵政グループの企業価値評価分析

企業価値（本章では便宜的に，「株主にとっての企業価値」を「企業価値」と呼ぶことにする）[1] は投資者間における，企業の将来にわたる収益性，リスクの評価の総体として決定されるものである。その観点から見ると，逆説的ではあるが，現在の企業価値を分析することにより，日本郵政グループに対する市場の収益性やリスクに対する評価を明らかにすることができるともいえる。

本章は，企業価値評価モデルの中でも株価の推定力に優れるとされる残余利益モデルを用い，理論株価と実際株価の差異を分析することにより，日本郵政グループの主たる事業会社たる，ゆうちょ銀行，かんぽ生命，日本郵便に対する市場の期待を明らかにすることを目的とする。

1 日本郵政グループの上場と株価の推移

上場時の株価を超えることのできない日本郵政グループ各社　2015年11月4日，日本郵政，ゆうちょ銀行，かんぽ生命は東京証券取引所に上場した。売り出し時の株価の詳細は図表6.1のとおりであり，この売り出しは約1.4兆円規模[2] であった。

1　企業価値には負債の価値も含まれるとする見方もある。そのような見方に従う場合，本章でいう「株主にとっての企業価値」は，「株式価値」ということになる。この点については，桜井［2020］（294-296頁）を参照されたい。

2　日本郵政株式は約5億株の売り出しで約6,900億円，ゆうちょ銀行株式は約4.1億株の売り出しで約6,000億円，かんぽ生命は6,600万株の売り出しで約1,500億円の売り出し総額となった。

その後，日本郵政が2017年9月と2021年10月の2度，かんぽ生命が2019年4月に1度の追加売り出しを行っており[3]（図表6.3参照），上場時の

図表 6.1　日本郵政グループの上場時の株価等

株価	売出価格	初値	2015/11/5 終値	2022/6/30 終値
日本郵政	1,400円 （約6.3兆円）	1,631円 （約7.3兆円）	1,760円 （約7.9兆円）	969円 （約3.5兆円）
ゆうちょ銀行	1,450円 （約5.4兆円）	1,680円 （約6.3兆円）	1,671円 （約6.3兆円）	1,055円 （約4.0兆円）
かんぽ生命	2,200円 （約1.3兆円）	2,929円 （約1.8兆円）	3,430円 （約2.1兆円）	2,171円 （約8,700億円）

（注）（　　）内は企業価値を表す。
（出所）各社の株価をもとに筆者作成。

図表 6.2　日本郵政グループの株価の推移　　単位：円

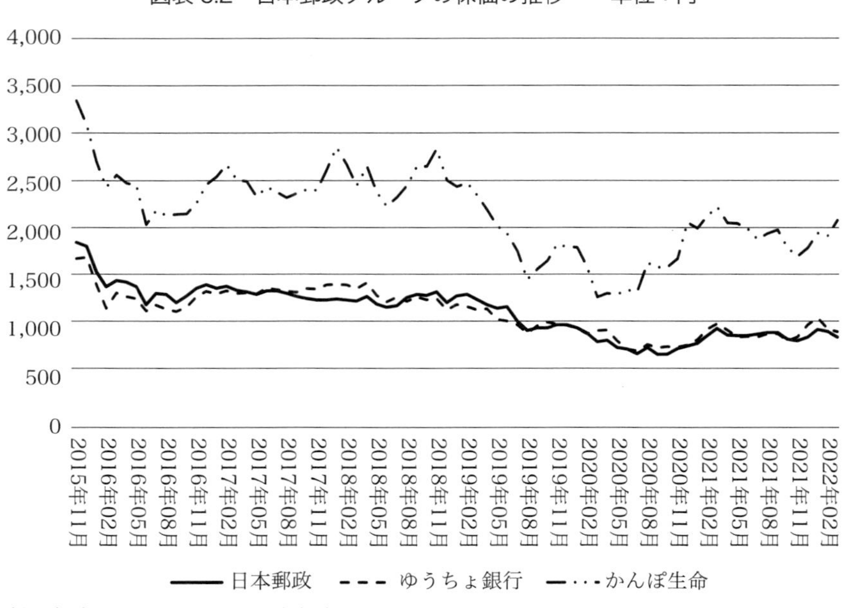

（出所）各社の株価をもとに筆者作成。

3　その後，ゆうちょ銀行も2023年3月に2次売り出しを行っている。

売り出しと合わせると，総額約3兆円を超える売り出し額となっている。日本郵政，ゆうちょ銀行，かんぽ生命に対する政府の持株による影響力は減少しており，2022年3月末時点では，日本郵政株式の政府（財務大臣）の持株比率が34.29%，ゆうちょ銀行株式およびかんぽ生命株式の日本郵政の持株比率はそれぞれ89.0%[4]，49.9%となっている。

上場した3社の株価の推移は，図表6.2のとおりである。上場以来，株価

図表6.3　日本郵政グループの株式売り出しおよび自己株式の取得

	日本郵政	ゆうちょ銀行	かんぽ生命
2015年11月	上場（売り出し） 約5億株 約7,000億円	上場（売り出し） 約4.1億株 約6,000億円	上場（売り出し） 6,600万株 約1,500億円
2017年9月	自己株式の取得 約7,300万株 約1,000億円 2次売り出し 約9.9億株 約1.3兆円		
2019年4月			自己株式取得 約3,700万株 約1,000億円 2次売り出し 約1.4億株 約3,200億円
2021年5月			自己株式取得 約1.6億株 約3,600億円
2021年6月	自己株式取得 約2.8億株 約2,500億円		
2021年10月	3次売り出し 約10億株 約8,400億円		
2021年11月 ～2022年4月	自己株式取得 約1.0億株 約950億円		

（出所）各社プレスリリース等により筆者作成。

4　2023年3月の2次売り出しにより，ゆうちょ銀行株の日本郵政による持株比率は60.6%となっている。

は下落し，2022年3月末時点では3社すべての株価が売り出し価格を下回っている。これは，現在の市場の期待が，上場当初の期待に比べて低い水準であることを意味するが，実際に市場は日本郵政グループ，とくにゆうちょ銀行，かんぽ生命に対してどのような期待を持っているのだろうか。次節で具体的な検証方法について説明する。

2 リサーチ・デザイン

企業価値の差異により仮定や見積もりを分析する　本章では，残余利益モデルを基本とした企業価値推定を行う。残余利益モデルにおいては，そのインプット・データとして一定の仮定や見積りが必要となる。そうした仮定や見積りは，一方では企業価値推定の限界を意味するものとなるが，もう一方では，インプット・データが企業価値に与える影響を計量的に把握するための手がかりとなる。つまり，そうした仮定や見積りから得た推定企業価値と実際の市場で取引される株価をもとにした企業価値の差異を分析することで，市場が考える日本郵政グループに対する仮定や見積り，期待を，分析することが可能となる。これが，本章で試みる企業価値推定の意義である。

残余利益モデルによる企業価値推定　本章で採用する推定モデルは，次のとおりである。

$$PV_0=C_0+\sum_{(t=1)}^{n}\frac{A_t-r_eC_{t-1}}{(1+r_e)^t}+\frac{(A_{n+1}-r_eC_n)}{(r_e-g)(1+r_e)^n}$$

PV_0：期初の企業価値

C_t：t 期の純資産簿価

A_t：t 期の純利益

r_e：資本コスト

g：サステイナブル成長率

桜井［2008］によれば，企業価値推定の方法は，マーケット・アプローチとインカム・アプローチの2つに大別される。マーケット・アプローチによる場合，純利益や純資産（株主資本）などの業績指標をバリュードライバーとし，推定対象企業と類似した企業について企業価値とバリュードライバーの間の乗数を算定する。ここから推定対象企業の乗数を推定し，推定企業価値を算定することになる。これに対して，インカム・アプローチによる場合，株主に帰属する利益やキャッシュ・フローなどの流列の現在価値を算定することによって企業価値を推定することになる。

上掲の推定モデルは，Ohlson［1995］によって提唱された残余利益モデルを実証モデルとして展開したものであり，インカム・アプローチに分類される。企業価値は，現在の純資産簿価と将来得られるであろう残余利益（資本コストを超過する利益）の割引現在価値の合計であるとするのが，このモデルの趣旨である。右辺第２項は予測期間における残余利益の現在価値を，第３項は継続価値（terminal value）を，それぞれ表している。

本章でインカム・アプローチを採用する主たる理由は，以下の２つである。第１の理由は，本章の目的と関連している。本章の目的は，日本郵政グループに対する，資本市場の期待を明らかにすることであるが，それは企業価値推定モデルの仮定・見積りの中に現れる。収益性やリスクの期待を推定モデルのインプット・データとして表現することができるインカム・アプローチにより，本章の目的が遂行される。

第２の理由は，モデルの優位性と関連している。多くの先行研究によって，残余利益モデルの企業価値推定モデルとしての優位性が確認されてきた（Pemman and Sougiannis［1998］；Francis et al.［2000］；藤井・山本［1999］；竹原・須田［2004］等）。実証会計学の領域では今日，企業価値推定において残余利益モデルを採用することが，標準的なアプローチとなっている[5]。

2022年度末における市場の期待の推定　残余利益モデルによって企業価値を推定するためのインプット・データとして，純利益の流列の予測が必要となる。本章では，純利益の流列を算定する方法として，トップダウン方式

5　インカム・アプローチのもう１つの代表的な企業価値推定モデルであるDCF法（割引キャッシュ・フロー法）と比較した場合の残余利益モデルの優位性については，藤井・山本［1999］を参照されたい。

を採用する[6]。トップダウン方式とは，経常収益（トップ）を起点にして純利益（ボトムライン）までを順次決定する方式である。本章においては，まず経常収益（以下「収益」）の推移を定めたうえで，売上純利益率（以下「利益率」）を決め，純利益の流列を導出する。実際の株価から得られる企業価値と整合するインプット・データを算定することで，資本市場の期待を導出し，分析することとする。

ただし，トップダウン方式は事業会社での適用を想定したものであるため，そのままの形ではこれを，純粋持株会社である日本郵政に適用することはできない。そこで，この方法での分析はゆうちょ銀行，かんぽ生命の２社に対してのみ行うこととする。

なお，３月末の決算後，公表され，株価に反映されるまでには一定の時間がかかると考えるのが合理的である。そこで，本章における分析においては，2022 年３月末の決算数値と，2022 年６月末日の株価を利用することで分析を進めることとする。

企業価値推定に必要な財務データは，日本郵政およびゆうちょ銀行，かんぽ生命のディスクロージャー誌からハンドコレクトする。他方，業績シナリオを設定する際の比較参考データとなる競合企業の財務データについては，各社のディスクロージャー誌及び統合報告書からハンドコレクトする。

3 ゆうちょ銀行

ゆうちょ銀行，および比較対象とする都市銀行３社（みずほ銀行，三井住友銀行，三菱 UFJ 銀行）の各社および３社平均の，2021 年度を直近とする経常収益の成長率および経常収益当期純利益率は図表 6.4 のとおりである。

ゆうちょ銀行の理論価値は約 7.6 兆円　手始めに，単純なシナリオを立て理論価値を推定する。まず，成長率について考える。ゆうちょ銀行の直近の成長率が対前年比で 1.6%，過去３年間の平均成長率が 2.3%となっているが，

6　トップダウン方式の詳細については，伊藤［2014］（353-355 頁）を参照されたい。

図表 6.4　経常収益成長率および経常収益当期純利益率　　　単位：%

	2016～21年度 5年幾何平均 成長率	2018～21年度 3年幾何平均 成長率	2021年度 対前年比成長率	2017～21年度 5年平均利益率
みずほ銀行	5.6	2.4	35.3	10.3
三井住友銀行	△0.2	△3.9	7.3	17.4
三菱UFJ銀行	0.9	△5.9	△1.7	9.6
都市銀行3社平均	1.5	△2.5	13.6	12.4
ゆうちょ銀行	0.8	2.3	1.6	15.8

(出所) ゆうちょ銀行［各年度版］；みずほFG［各年度版］；三井住友FG［各年度版］；三菱UFJFG［各年度版］により作成。

過去5年間でみると平均成長率は0.8%であり，直近の高成長が続くとは考えにくい。そこで，2021年度末の経常収益1兆9,776億円，成長率1.8%から5年かけてこの成長率が0.8%になり，その後は0.8%の成長が続くと仮定する。

次に利益率について考える。ゆうちょ銀行の過去5年間の経常収益当期純利益率の平均が15.8%であり，これは都市銀行3社の平均である12.4%をやや上回っている。そこで当該利益率については，2021年度の18%から5年かけて都市銀行並みの13%まで低下しその後はそれが持続すると仮定する。

続いて配当性向について検討する。ゆうちょが銀行が策定する2021年度～2025年度の中期経営計画において，配当性向の目標は50%とされている。しかしながら，実際には過去5年間の平均配当性向は約62%であり，目標よりも高めの値となることが推測されるため，60%と仮定する。

最後に資本コストについて検討する。CAPM（資本資産価格モデル）によれば，資本コストは，次の式で算出される。

$$E(R_i) = R_f + \beta_i [E(R_m) - R_f]$$

R_i：個々の銘柄iの投資収益率

R_f：リスクフリーレート

β_i：銘柄iのベータ値

R_m：市場全体の投資収益率

日経バリューサーチより取得した2022年6月末時点のゆうちょ銀行のベータ値は0.44，また一般にリスクフリーレートとして使用される10年国債の利回りは2022年6月末時点で0.242%となっている。市場全体の投資収益率（市場リスクプレミアム）の測定については多くの議論が行われており，「株式リスクプレミアムパズル」として論争が展開されている[7]。そこで，本章ではIR協議会の2018年のサーベイ結果を参照し，市場リスクプレミアムを5.9%とする。以上の仮定より，ゆうちょ銀行の期待投資収益率を算定すると，約3%となり，これを分析における資本コストとして使用する。

以上のインプット情報を残余利益モデルに代入することによって，ゆうちょ銀行の企業価値を算定すると，ゆうちょ銀行の理論上の企業価値は約7.6兆円となる。

悲観的な市場の期待　これに対し，一方の実際の企業価値は2022年6月末時点で約4.0兆円であり，市場の期待は設定したシナリオよりも悲観的であることがわかる。そもそも，ゆうちょ銀行は純資産簿価が約10兆円と大きな企業であり，PBR（株価純資産倍率）は0.38と極めて小さい。PBRが1よりも小さい企業は，本章2節の残余利益モデルの式に当てはめれば，PV_0がC_0よりも小さいということになり，第2項が負である，つまり資本コストを超える利益を稼ぐことができていない（$A_t - r_e C_{t-1} < 0$）ことを意味している。ゆうちょ銀行の資本コストの大きさを規定するベータ値は0.44と小さい一方で，市場からはそれ以上に利益を獲得する力が小さいと評価されているといえる。

実際の企業価値（約4.0兆円）をもとに，市場の期待（成長率，利益率）を推定すると，図表6.5のようになる。5年後の成長率をゼロ成長とした場合は利益率を約10%，5年後の成長率を2%とした場合は利益率を約8%と，市場はそれぞれ見込んでいる。

図表6.5　株価から推定する市場の期待

5年後の成長率	0%	0.4%	0.8%	1.2%	1.6%	2.0%
5年後の利益率	9.7%	9.4%	9.1%	8.8%	8.5%	8.2%

7　菅原［2013］；山口［2016］等を参照されたい。

図表6.6　資本コストと理論価値

資本コスト	2%	3%	4%	5%	6%
理論価値	16.6兆円	7.6兆円	5.1兆円	3.9兆円	3.2兆円

資本コストの大きな影響　成長率，利益率の仮定を当初のままとし，資本コストを2%～6%まで1%刻みで変化させた場合の理論価値を表したのが図表6.6である。前述のとおり，ゆうちょ銀行は純資産簿価が約10兆円を超えており，資本コストが少し上昇するだけで超過利益（残余利益モデル内の $A_t - r_e C_{t-1}$）が大きく減少することになる。これにより理論価値は大きな影響を受ける。成長率や利益率の変動よりも大きな影響を与えることが示唆されており，ゆうちょ銀行は資本コストに配慮した経営を進めていく必要があるだろう。

4　かんぽ生命

かんぽ生命，および比較対象とする第一生命の，2021年度を直近とする経常収益の成長率および経常収益当期純利益率は図表6.7のとおりである。

ゆうちょ銀行の理論価値は約7.6兆円　ゆうちょ銀行のケースと同様，手始めに単純なシナリオを立て理論価値を推定する。まず，成長率について考える。かんぽ生命の過去5年間の平均成長率が△5.7%，さらには過去3年間でみると平均成長率は△6.6%と，マイナス成長となっている。これは生命保険の不正販売などの影響もあるが，慢性的な保険契約の減少，そして

図表6.7　経常収益成長率および経常収益当期純利益率　　単位：%

	2016～21年度 5年幾何平均 成長率	2018～21年度 3年幾何平均 成長率	2021年度 対前年比成長率	2017～21年度 5年平均利益率
第一生命	4.9	4.6	4.9	3.7
かんぽ生命	△5.7	△6.6	△4.9	2.0

（出所）かんぽ生命［各年度版］；第一生命［各年度版］により作成。

収益の大部分を占める責任準備金戻入額の減少の影響が大きく，これらのことから収益減少の傾向に歯止めがかかるとは考えにくい。よって，現状の5%程度の減収が継続するものと仮定する。

一方の利益率は，直近2年の経常収益当期純利益率が2.5に迫るなど，改善の兆しがある。第一生命並みの純利益率の達成は難しいとはいえるが，さらなるコスト削減等により，利益率は2021年度の2.5%から5年かけて3%まで上昇し，その後はそれが持続すると仮定する。

続いて配当性向について検討する。かんぽ生命が策定する2021年度〜2025年度の中期経営計画において，配当性向の目標は50%とされている。しかしながら，実際には過去5年間の平均配当性向は約30%であり，目標よりも低めの値となることが推測されるため，40%と仮定する。

最後に資本コストについて検討する。日経バリューサーチより取得した2022年6月末時点のかんぽ生命のベータ値は1.05である。これにゆうちょ銀行のケースと同様，リスクフリーレートを10年国債の利回りである0.242%（2022年6月末時点），市場リスクプレミアムを5.9%として，かんぽ生命の資本コストを算定すると，約6%となり，これを分析における資本コストとして使用する。

以上のインプット情報を，残余利益モデルに代入することによってかんぽ生命の企業価値を算定すると，ゆうちょ銀行の理論上の企業価値は約6,200億円となる。

利益率改善の重要性　実際の企業価値は2022年6月末時点で約8,700億円であり，市場の期待は設定したシナリオよりも楽観的であることがわかる。一方で，かんぽ生命の純資産簿価は約2.4兆円であり，PBR（株価純資産倍率）は0.36と，ゆうちょ銀行同様極めて小さい。かんぽ生命に関しても資本コストを超える利益を稼ぐことができていないという，市場からの評価となっている。

実際の企業価値（約8,700億円）をもとに，市場の期待（成長率，利益率）を推定すると，図表6.8のようになる。5年後の成長率を△5%とした場合は利益率を約3.4%，5年後以降をゼロ成長とした場合は利益率を2.1%，市

図表 6.8　株価から推定する市場の期待

５年後の成長率	△５%	△４%	△３%	△２%	△１%	0%
５年後の利益率	3.4%	3.1%	2.8%	2.6%	2.3%	2.1%

場はそれぞれ見込んでいるといえる。

前述のとおり，かんぽ生命の収益構造から，少なくとも短期的には収益の成長を望むことは難しい。そういった中での企業価値の改善には，利益率の向上が大きなカギを握ることになるだろう。近未来的には日本郵政の持株比率が50%を下回り，新商品の投入が容易になると考えられることから，さらなる利益率の改善を図るための環境が整っていくことが期待される。

5　日本郵便

日本郵便の推定企業価値の算定方法　日本郵便は非上場の企業であり，その発行済み株式の100%を日本郵政が保有している。よって，日本郵便の株価について，市場価格との差異を分析することは不可能である。そこで，ゆうちょ銀行，かんぽ生命とは異なった形での分析を行う。

日本郵政グループは，持株会社である日本郵政の傘下に日本郵便，ゆうちょ銀行，かんぽ生命などの子会社がある。日本郵政の資産・収益の大半は子会社株式およびそれらからの配当金によって構成されており，グループ全体としてみた際には同社を純粋持株会社とみなしても問題ないと考えられる。よって，

日本郵政の企業価値＝日本郵便の企業価値
　　＋ゆうちょ銀行の企業価値×日本郵政の持株比率
　　＋かんぽ生命の企業価値×日本郵政の持株比率

と考え，日本郵政の企業価値からゆうちょ銀行，かんぽ生命の企業価値を持株に応じて減じた額を日本郵便の推定企業価値と考えることとする。

マイナスの企業価値が推定される日本郵便　これによって算定した日本郵便の企業価値を表したグラフが図表 6.9 である。多くの期間において日本郵

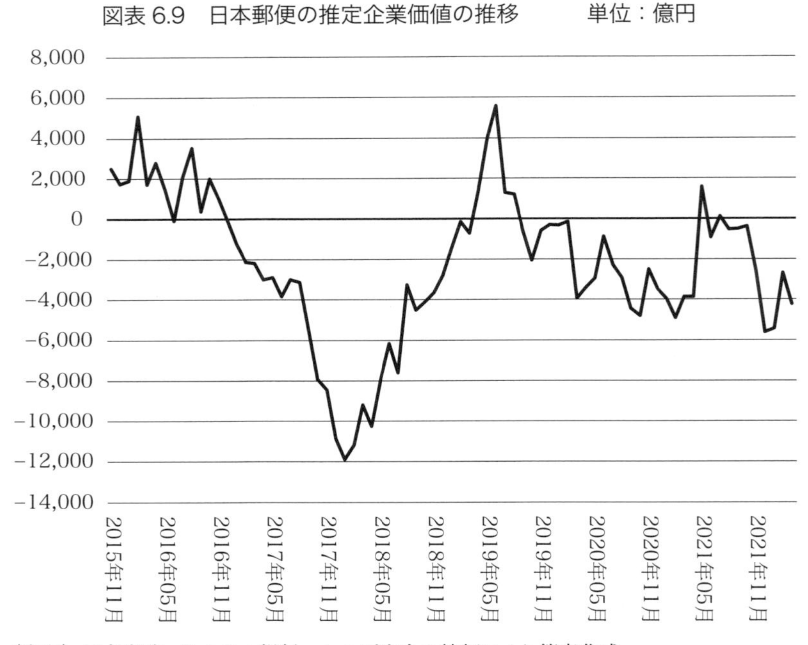

図表 6.9　日本郵便の推定企業価値の推移　　単位：億円

（出所）日本郵政，ゆうちょ銀行，かんぽ生命の株価により筆者作成。

便の推定企業価値はマイナスとなっている。第4章，第5章でも述べたとおり，日本郵政の主要子会社3社の中で郵便，貯金，郵便のサービスをあまねく全国で提供するというユニバーサルサービスの提供義務を負っているのは，日本郵便のみである。日本全国で，24,000局を超える郵便局のネットワークを維持するには，大きなコストが必要となる。この公平性の重視による効率性の犠牲の大部分を，日本郵便が負っているといえるだろう。

今後，日本郵政が保有するゆうちょ銀行株式と，かんぽ生命株式のさらなる売却を進めた場合，日本郵政の企業価値に占める日本郵便の割合はより大きくなる。金融2社の売却後の日本郵政のビジネスモデルはどのようなものになるのか。図表6.9に示した日本郵便の推定企業価値は，その問題を考える重要性を暗示しているといえよう。

第6章の補章

日本郵便の国際化戦略

― トール社買収をめぐる日本郵便の見通しと市場の期待 ―

本補章では，日本郵便の国際化戦略の1つであった豪州物流大手・トール社の買収を取り上げる。日本郵便は2017年3月期の決算において，トール社買収に関連して4,000億円を超える減損損失を計上し，さらに2021年にはその一部事業を売却することとなった（図表6補.1参照）。トール社の買収には，果たして日本郵便のどのような見通しと期待があったのか。第6章と同様，残余利益モデルを援用することで，この問題を，会計分析の観点から明らかにすることが本補章の目的である。

1 トール社買収の概要

国際物流に活路を見出すトール社買収　2015年2月18日，日本郵便はトール社の発行済株式100%を取得し，子会社化するための手続きを開始す

図表6補.1　トール社をめぐる日本郵便の動き

	日本郵便の動き
2015年2月	トール社の株式取得（子会社化）の決定
2015年5月	トール社の株式取得（子会社化）の完了 取得価額：1株当たり9.04豪ドル 総額6,486百万豪ドル（約6,100億円）
2017年3月	トール社の業績の悪化により，約4,000億円の減損損失を計上
2018年10月	JPトールロジスティクス株式会社の発足 出資比率：日本郵便50%，トールグループ：50%
2021年4月	エクスプレス事業の売却 譲渡先：豪州・Allegro Funds Pty Ltd

（出所）日本郵政，日本郵便プレスリリースにより筆者作成。

ることを発表した。日本郵便はこの買収目的を，「成長著しいアジア市場への展開を中心に，国際物流事業を手掛ける総合物流企業として成長していくことを目指し〔…〕今後アジア市場での確固たる地位を確立しながらさらなるグローバル展開を図るため」（日本郵便［2014 年度］8 頁）としている。トール社株式の取得価額は当初，1 株当たり 9.04 豪ドルとされ，発表前週末の 6.02 豪ドルの約 1.5 倍に相当する評価がなされた。2015 年 5 月 28 日の買収時点では，総額約 6,486 百万豪ドル（約 6,100 億円）での取得となった。この取得価額は，2014 年 12 月時点のトール社の純資産簿価 2,823 百万豪ドルの 2 倍を超える高額なものであった。その結果，2015 年 6 月時点で約 5,300 億円を超えるのれんが計上されることになった[1]。買収の判断が合理的であることを前提にするならば，日本郵便はこののれんと同等あるいはそれ以上の超過利益を当該買収後の新事業から得ることが可能と考えていたことになる。

この買収の直後の 2015 年 11 月には，日本郵政，ゆうちょ銀行，かんぽ生命の 3 社の上場が控えていた。将来的には，ゆうちょ銀行，かんぽ生命の株式は 100％売却し，また日本郵政の株式については日本政府が 3 分の 1 を保有し残りを売却するというビジョンが設定されていた。ゆうちょ銀行，かんぽ生命の 100％売却が完遂された場合には，日本郵政傘下の主要企業は日本郵便のみとなる。はがき・手紙の需要は民営化直後の 2008 年 3 月期から 2015 年 3 月期の 7 年間で約 10％減少していた。日本郵政グループの新たな収益基盤として，国際物流事業への梃入れを模索していた中の，トール社買収であった。

トール社買収の失敗　企業買収においては，綿密なデューディリジェンス（適正評価手続き）を行うことが不可欠である。これまで大きな企業買収を行っておらず，十分なノウハウがあるとはいえない日本郵政グループにおいて，買収価格の算定がどの程度正確に行われたのかという点は検証が必要となろう。

1　のれん総額には，トール社の買収時点で，トール社に計上されていたのれんも含まれている。

結果論ではあるが，日本郵便は 2017 年 3 月期において，トール社の業績不振に伴う企業価値の低下により，約 4,000 億円の減損損失を計上している。この減損は，投資の失敗を意味するものであり，買収時の見通しが楽観的であったことを物語っている。

そこで第 6 章と同様，企業価値評価モデルを援用し，日本郵便のトール社に対する期待を推定し，その問題点を定量的に検証することにする。

2 日本郵便のトール社に対する期待

2.1 分析モデル

本補章での分析は第 6 章と同様に残余利益モデルをベースとする。残余利益モデルでは，次式によって企業価値が推定される。

$$PV_0=C_0+\sum_{t=1}\frac{A_t-r_eC_{t-1}}{(1+r_e)^t}$$

PV_0：期初の企業価値

C_t：t 期の純資産簿価

A_t：t 期の純利益

r_e：資本コスト

また，自己資本純利益率（ROE）を

$$ROE_{t+1}=\frac{A_{t+1}}{C_t}$$

とすると，企業価値は

$$PV_0=C_0+\sum_{t=1}\frac{(ROE_t-r_e)\ C_{t-1}}{(1+r_e)^t}$$

と表せる。クリーンサープラス関係（$C_{t+1}=C_t+A_{t+1}-hA_{t+1}$）を前提とし，ROE を一定と仮定すると，上記の推定式は，

$$PV_0=C_0\times\frac{hROE}{r-ROE+hROE}$$

となる。h は配当性向を表す。これを ROE について解くと，

$$ROE=\frac{rPV_0}{hC_0+PV_0-hPV_0}$$

となる。この式において，企業価値PV_0および純資産簿価C_0をインプットデータとして代入し，資本コストr，配当性向hをパラメータとして変動させることにより，期待ROEの変域が推定でき，期待純利益の推定が可能となるのである。

2.2 推定結果

トール社に対して市場が期待する利益水準を推定するために，企業価値PV_0に，買収発表前の株価（6.02豪ドル／株）から計算した値を，トール社に対して日本郵便が期待する利益水準を推定するために，企業価値MV_0に実際の買収の取得価額（9.04豪ドル／株）から計算した値を代入する。これにより，市場の期待と日本郵便の期待との差異が算定され，日本郵便が当該買収に当たって想定したシナジー効果を求めることができるのである。

トール社に対する強気な期待　資本コストを4%～8%，配当性向を60%～100%で変動させた場合のトール社への期待ROEの推定結果を表したのが，図表6補.2である。そして当該各期待ROEにもとづいて算定した期待純利益を示したのが，図表6補.3である。日本郵便が想定した買収によるシ

図表6補.2　トール社に対する期待ROE　　単位：%

		資本コスト					
		4%		6%		8%	
配当性向	0.6	6.1 5.1	1.0	9.1 7.6	1.4	12.1 10.2	1.9
	0.8	7.3 5.6	1.7	10.9 8.4	2.5	14.6 11.2	3.4
	1.0	9.2 6.2	3.0	13.8 9.3	4.5	18.4 12.4	5.9

（注）左列上段：日本郵便の期待ROE。
左列下段：買収発表以前の市場の期待ROE。
右列：期待ROEの差。

図表6補.3　トール社に対する期待利益　　　単位：百万円

		資本コスト					
		4%		6%		8%	
配当性向	0.6	16,055 13,509	2,546	24,082 20,263	3,819	32,109 27,018	5,092
	0.8	19,363 14,859	4,503	29,044 22,289	6,755	38,725 29,719	9,006
	1.0	24,387 16,510	7,877	36,581 24,765	11,816	48,775 33,020	15,754

(注) 左列上段：日本郵便の期待 ROE。
　　 左列下段：買収発表以前の市場の期待 ROE。
　　 右列：期待 ROE の差。

ナジー効果等は，期待 ROE の約1%～6%程度であることがわかる。これに対し，買収前3年間のトール社の平均 ROE は約6%であった。日本郵便が期待する ROE はかなり強気なものであったことがわかる。

また，市場が期待する純利益額は約135億～330億円であるのに対し，日本郵便が期待した期待純利益は約160億～490億円であった。このことから，日本郵便は約25億円～160億円のシナジー効果を見込んでいたことがわかる。買収前直近（2014年6月期）のトール社の純利益が293百万豪ドル（約280億円）であったことからみても，日本郵便はかなり楽観的な期待を持っていたことがわかる。

3 日本郵便の国際化戦略の必要性と可能性

本補章の冒頭でも述べたとおり，日本郵便は2017年3月期の決算において，トール社の業績不振による企業価値の低下を理由に約4,000億円の減損処理を行った。取得価額が6,100億円だったことから，この減損処理によって，日本郵便は当該取得価額の約3分の2の価値を失い，トール社株式の価値は約2,000億円となったことになる。買収発表前のトール社株価から算定されるトール社の企業価値（トール社に対する市場の企業価値評価額）は約4,000億円であり，これを基準としても約2,000億円の価値下落が発生している。同時期にマクロ経済環境の全般的な悪化が生じた可能性がある。しかしそれを考慮してもなお，日本郵便のトール社買収に寄せた期待は，過大であったといわなくてはならない。その限りで，トール社買収による国際化戦略は，当初の目的を達成できたとはいえない。しかしながら，厳しさを増す経営環境のもとで将来を見すえた郵便事業の展開を図る上で，国際物流に活路を見出すことが有効な戦略の１つとなるのは当然のことと思われる。その意味で，当該戦略の必要性は否定しえない。そうであればこそ，新規事業の立ち上げ，特に企業買収による事業拡大を可能にするには，より慎重なデューディリジェンスが欠くことのできない課題となるのである。

第7章 ユニバーサルサービスの理論と実際

1 本章の課題

ユニバーサルサービスの確保は日本郵政グループに課された法的義務の1つであり[1]，同グループの事業特性を考えるさいの重要なキーワードとなる（第1章参照）。こうした理解から，ユニバーサルサービス確保をめぐる「効率性と公平性」のトレードオフを，われわれは論点整理の基本的な枠組みとして措定し，本研究を進めてきた。かかる研究の流れからすれば，ユニバーサルサービスをわれわれがそもそもどのように理解しているかを示すことが，研究の体系性を整えるうえで避けて通れない課題となるであろう。

しかし，ユニバーサルサービスとは何かを真正面から問うことは，本研究の課題を大きく超えた作業となる。そこで，本研究の体系性を整えるうえで必要と考えられる範囲で，ユニバーサルサービスに関する先行文献のレビューを行い，主要論点に若干の評釈を加えることで，上記の作業に代えることにしたい[2]。こうした課題の設定から，本章での記述は事実のオリジナルな分析・検討を主内容とするものでないことを，あらかじめお断りしておきたい。

---

1 金融2社には，ユニバーサルサービスの確保は法的に義務づけられていない。しかし，連結企業集団としての日本郵政グループに着目した場合，その親会社である日本郵政にはユニバーサルサービスの確保が法的に義務づけられており，したがって，その支配下にある金融2社もその限りで（少なくとも現時点では），ユニバーサルサービス確保に係る当該義務のネクサスに包摂されていると考えるべきであろう。

2 本章では，用語等の表記は基本的に，引用文献のそれに従っている。そのため，同一または類似の事項等について異なる表記を用いている場合がある（たとえば「郵便役務」と「郵便業務」等）。

2 ユニバーサルサービスの定義

2.1 代表的な２つの定義

ユニバーサルサービスとは何かを考えるさいにまず押さえておく必要があるのは，関連諸文献においてユニバーサルサービスがどのように定義されているかである。ユニバーサルサービスとは何かを論じた先行研究（たとえば西田［1995］55-56頁；和田［1996］259頁；依田［2001］153頁等）で必ずといってよいほど言及されているのが，OECD［1991］で示されたユニバーサルサービスの定義である。同レポートは，OECD諸国における電気通信事業規制のあり方を調査したものであるが，ユニバーサルサービスとは何かを，国際比較の視点も交えながら分析的に論じた初期文献としても広く知られている。

OECD［1991］（pp.84-85）によれば，ユニバーサルサービスについては，これを以下の４つの「構成要素（constituent elements）」にブレイクダウンする必要があるとされる。すなわち，①誰もがどこからでも地理的な制約を受けずに利用できること（地理的利用可能性 universal geographical access），②誰もが合理的な料金で利用できること（経済的利用可能性 universal affordable access），③誰もが均質なサービスを利用できること（サービス均質性 universal service quality），④同一のサービスであれば誰もが均一の料金で利用できること（料金非差別性 universal tariff），である。

他方，ユニバーサルサービスの定義を提示したわが国の数少ない公式文献として，電気通信審議会［2000］がある。同答申（51頁）によれば，ユニバーサルサービスとは，「(a) 国民生活に不可欠なサービスであって，(b) 誰もが利用可能な料金など適切な条件で，(c) あまねく日本全国において公平かつ安定的な提供の確保が図られるべきサービスである」とされる。

筆者が調査した限りでは，以上の２つが，わが国の先行研究で最も頻繁に言及される（その意味で最も代表的な）ユニバーサルサービスの定義となっている。２つの定義はほぼ同様の考え方によるものと解釈することができるが[3]，

3　電気通信審議会［2000］で示された定義の各項目を広く解釈した場合，(b) は経済的利用可能性に，(c) は地理的利用可能性，サービス均質性，料金非差別性に，それぞれ対応す

電気通信審議会［2000］で示された定義には，OECD［1991］のそれには見られない重要な要素が１つ含まれていることに留意しておく必要があろう。それは，「国民生活に不可欠なサービス」という要素である。この要素は，ユニバーサルサービスの内在的な性質を規定したものである。これに対して，OECD［1991］で示された４つの構成要素はいずれも，ユニバーサルサービスの内在的な性質を規定したものではなく，ユニバーサルサービスに対して課されるべき規制のあり方（ユニバーサルサービスのあるべき提供のされ方）を定式化したものとなっている[4]。

たとえば，地理的利用可能性についていえば，「誰もがどこからでも地理的な制約を受けずに利用できる」という内在的な性質を備えたサービス（経済財）は通常，自生的には存在しない[5]。ユニバーサルサービスであれば，「誰もがどこからでも地理的な制約を受けずにそれを利用できる」という性質が確保されなくてはならないということを，それは指示しているのである。このことは，OECD［1991］で示された他の３つの構成要素についても，同様に指摘しうるものである。つまり，OECD［1991］で示された４つの構成要素は，ユニバーサルサービスの「定義」というよりも[6]，ユニバーサルサービスの「規制原則」を明らかにしたものとなっているのである[7]。

ると見なせるであろう。

4　日本郵便が手掛けるEMSがユニバーサルサービスに該当するか否かが今日，国内外で問題になっているが（本章2.3参照），OECD［1991］の定義に依拠してこの問題を論じることは困難（事実上は不可能）であろう。これに対して，電気通信審議会［2000］で示された「国民生活に不可欠なサービス」という要素に依拠すれば，EMSが当該要素を備えているか否かを問う形でこの問題を論じることが可能となる。
ただし，OECD［1991］が提示する４つの要素の根底には，ユニバーサルサービスが「国民生活に不可欠なサービス」をなすという通念が暗黙裡に措定されていると解釈することができる。そのような通念が措定されているからこそ，４つの要素に見るような規制が必要となり，かつまた正当化されるのである。

5　国防や警察等の公共財は，OECD［1991］で示された４つの構成要素のうち①③をおおむね備えた財といえるであろう。しかし，国防や警察等は売買の対象とならない非経済財であり，したがって当然のことならが，これらがユニバーサルサービスと見なさることはない。

6　OECD［1991］が提示した４つの構成要素はこのような性質を有するが，わが国の先行研究ではこれらを，ユニバーサルサービスを「定義」づけたものとして扱っている（たとえば依田［2001］153頁）。

7　本文でもふれたように，OECD［1991］は，電気通信事業規制のあり方を調査したものであるから，このことはむしろ当然といってよいであろう。OECD［1991］（p.84）でも，４つの構成要素は，電気通信事業規制における目標（target）と監視（monitoring）に関連し

2.2 定義問題の性質

以上の検討をふまえながら，ユニバーサルサービスの定義問題に見る主たる特徴を整理すれば，以下のようになる。

第1は，上掲の2つの定義には先に見たような重要な相違が存在するにも拘わらず，2つの文献でなされている議論には，それほど大きな相違は観察されないということである。いずれの文献においても，規制緩和のもとでユニバーサルサービスの確保はどうあるべきか，競争環境下でのユニバーサルサービスコストの負担方式はどう設計されるべきか等が，主要な論点となっている。つまり，電気通信審議会［2000］の定義には「国民生活に不可欠なサービス」という独自の要素が盛り込まれてはいるものの，それによってユニバーサルサービスに関する議論に独自的な視点なり論点なりが付加されるということは（少なくとも2つの文献による限り）ないのである[8]。

第2は，ユニバーサルサービスの必要かつ十分な定義が存在しないにも拘わらず，ユニバーサルサービスのあり方に関する議論が国内外でそれなりに成立しているということである。このことは，「ユニバーサルサービスとは何か」について暗黙の了解（ないし通念）が，関係者の間に存在していることを示唆している。言語では必ずしも適確に表現できないそのような了解が1つの「制度（institution）」[9]として機能し，社会的システムとしてのユニバーサルサービス規制の形成を導いてきたと解されるのである。これと類似した現象が，「公益事業（public utility）」の定義問題においても観察される[10]。

ているという記述がなされている。

8 つまり，ユニバーサルサービスの内在的な性質を「国民生活に不可欠なサービス」と規定したからといって，それによってユニバーサルサービスの範囲を一意的に確定することはできないのである。「国民生活に不可欠なサービス」は国民生活のあり方や科学技術の発展等の影響を受けて絶えず変化するので，ユニバーサルサービスの範囲もそれに伴って絶えず変化することになる。

9 ここでいう「制度」とは，「人々が政治・経済・社会・組織などの領域（ドメイン）でゲーム的な（戦略的な）相互作用をするうちに浮かび上がり，当たり前とだれにでも受け取られるようになった自己拘束的なルール」（青木［2002］）をいう。この制度の定義は，比較制度分析（Comparative Institutional Analysis）によるものである。その理論的含意の詳細については，青木他［1996］を参照されたい。また，かかる意味での「制度」に関する筆者の理解は，藤井［2007］（第7章）で明らかにしている。

10 この点については，第1章脚注21を参照されたい。

第３は，ユニバーサルサービスの定義が以上のようなものだとすれば，ユニバーサルサービスをどう定義するかという問題に過度に深入りすることは，その努力に比して実益に乏しいということである。「ユニバーサルサービスとは何か」を考えることそれ自体は依然として必要なことであるが（本章2.3参照），しかしだからと言って，その作業の積重ねによって問題の解決が目に見えて促進されるということは通常，期待し得ないのである。ユニバーサルサービス問題はまさにその意味で，Weinberg［1972］（p.209）のいう「トランス・サイエンス」問題（第１章４節参照）としての性質を帯びているということができるのである。

2.3 郵政事業におけるユニバーサルサービス

日本郵政と日本郵便に対しては，①郵便の役務，②簡易な貯蓄，送金および債権債務の決済の役務，③簡易に利用できる生命保険の役務の３つを，ユニバーサルサービスとして提供することが法的に義務づけられている（郵政民営化法第７条の二，日本郵政株式会社法第５条，郵便法第１条）。そして，「郵政事業のユニバーサルサービス確保」のあり方については，情報通信審議会［2014a］（第１次中間答申），情報通信審議会［2014c］（第２次中間答申），情報通信審議会［2015a］（最終答申）[11]で，包括的な検討がなされている。ところが，これらの一連の答申において，ユニバーサルサービスの定義らしい定義は見当たらない。最終答申の情報通信審議会［2015a］（21頁）に，上記①②③の役務は「国民生活に必要不可欠な公共性の高いサービスとして位置づけられて〔いる〕」という記述があり，これが，上掲の３つの答申を通じて，「ユニバーサルサービスとは何か」に間接的にではあれ言及した唯一の記述となっている[12]。

「国民生活に必要不可欠な公共性の高いサービス」という表現は，先に見た電気通信審議会［2000］における「国民生活に不可欠なサービス」と実質

11 「第１次中間答申」，「最終答申」という添書きは，答申の流れを明示するために筆者が便宜的に付したもので，原資料にそのような表記はない（ただし情報通信審議会［2014c］には「第２次中間答申」という副題が付されている）。

12 ただし，これとやや類似した「郵政事業は，国民生活に最も密着した，地域にとって不可欠なもの」という記述が，情報通信審議会［2014a］（４頁）に見られる。

的に同義の表現と見なしうるであろう。この点に着目すれば，情報通信審議会［2015a］は，電気通信審議会［2000］で示されたユニバーサルサービスの定義を基本的に踏襲していると解釈することができる。

しかしここで看過されてならないより重要なことは，ユニバーサルサービスの定義について明示的な合意がなくても，ユニバーサルサービス確保のための方策を審議することは可能であるということである（換言すれば「確保する対象=what」を定義しなくても「確保する方策=how」を審議することは可能であるということである）。OECD［1991］に見られるように，「ユニバーサルサービスとは何か」ではなく，「ユニバーサルサービス規制はいかにあるべきか」に問題を限定した方が，政策指向的な議論はむしろ効率的に展開できるということを，それは示唆している（本章2.2での論点整理を参照）[13]。

関連諸法令等（日本郵便株式会社法第4条，同施行規則第1～2条，2012年総務省令告示第292号等）によって規定された郵政事業におけるユニバーサルサービスの範囲を要約して示せば，図表7.1のようになる[14]。

郵政事業におけるユニバーサルサービスの基本的な範囲がここに見るよう

図表7.1　郵政事業におけるユニバーサルサービスの範囲

郵便サービス	銀行サービス	保険サービス
1. 国内郵便 第一種郵便物 第二種郵便物 第三種郵便物 第四種郵便物 2. 国際郵便 通常，小包，EMS 3. 郵便物の特殊取扱 書留，配達証明等	1. 流動性預金の受入れ 通常貯金 2. 定期性預金の受入れ 定額貯金，定期貯金 3. 為替取引 為替，振込み，振替	1. かんぽ生命を所属保険会社として行う保険募集 普通終身保険，特別終身保険 普通養老保険，特別養老保険 2. かんぽ生命の事務の代行 満期保険金，生存保険金

(注) 銀行サービスのユニバーサルサービスは法制度上，「ゆうちょ銀行の銀行代理業として行うもの」とカテゴライズされている。
(出所) 総務省［2015b］（5頁，7頁）により作成。

13 たとえば，清原［2008］；寺田・中村［2013］における議論を参照されたい。
14 郵便のユニバーサルサービスについては，図表7.1で取りあげた範囲の規制に加えて，水準

な形で確定したのは，2007年の郵政民営化においてであった。そのさい，小包，速達，代金引換，年賀特別郵便は「日本郵便が任意で行うサービス」（情報通信審議会［2015a］4頁）とされ，ユニバーサルサービスの対象外とされた。また，現行制度ではEMSはユニバーサルサービスとして位置づけられているが（図表7.1），海外の諸団体（米国通商代表部，在日米国商工会議所，欧州ビジネス協会等）や国内の民間事業者（ヤマト運輸，ケーペック・ジャパン等）は，EMSに係る諸制度の改善（具体的にはEMSのユニバーサルサービスからの除外）を求めている[15]。

以上から理解されるように，ユニバーサルサービスの範囲（あるいはその「あるべき範囲」）は所与ではなく，また固定的なものでもない。その範囲は歴史的には，国民生活のあり方や科学技術の発展等にともなって変化してきた（依田［2001］148-152頁）。しかし，あるサービスがユニバーサルサービスと見なされた場合，当該サービスの提供事業に対してはユニバーサルサービス規制が課され，必要な場合にはその補償措置（たとえば参入規制や税優遇等）が講じられることになる。「ユニバーサルサービスとは何か」という問題を問うことについては，これまで繰り返し指摘してきたような限界があるとはいえ，以上に見るように，その問いへの回答はユニバーサルサービス規制のあり方を根底において規定することになるため，その経済政策的な必要性や意義それ自体が失われることは決してないのである。その意味で，「ユニバーサルサービスとは何か」は，いつの時代においても絶えず問

の規制もある。水準の規制（2016年7月時点）は，①引受（約18万本のポスト維持，全市町村に1局以上の郵便局の配置等），②配達（月曜日から土曜日までの6日間に，原則1日1回以上の，3日以内の戸別配達），③料金（全国均一料金，第一種郵便物のうち重量25kg以下のものについては82円以下の料金等）の，3種類からなる（総務省［2016］6頁）。
ただし，改めて指摘するまでもなく，上記の規制の水準については，政策的判断によって適宜改訂がなされることになる。たとえば，2020年12月に公布された「郵便法及び民間事業者による信書の送達に関する法律の一部を改正する法律」により，土曜日の配達休止等の改訂が行われている。

15 EMSについては単なる国際郵便を超えた利用実態があり，民間事業者が提供する類似のサービスと同等といえるほどにその商品性が向上しているというのが，当該主張の主たる根拠である（たとえば在日米国商工会議所［2006］2頁）。ユニバーサルサービスの提供には諸種の優遇措置（通関・検疫における簡易な取扱い等）が講じられており，それが民間事業者との公正な競争を阻害しているとされる。この問題については，本章4.1の戦略的内部補助に関する論点整理も参照されたい。

い続けられなくてはならない問題であるといえよう。

3 ユニバーサルサービスの経済学

経済学は，ある与えられた条件のもとで最も効率的な資源配分を行うには，どのような選択が可能であり必要であるかを研究する学問である。「効率性と公平性」のトレードオフ問題（第1章4節参照）に引き寄せていえば，経済学はもっぱら，効率性に関する問題を取り扱うための理論的ツールということになる。他方，経済学は公平性の問題に関しては，ほとんど無力である。「経済的効率性以外の目的の選択は結局のところ，個々人の選択に帰着し，したがって必然的に主観的な価値判断を伴うものとなる」（Watts and Zimmerman［1986］p.8）からである。個々人の多様な選好を，矛盾なくかつ異論もないように統合することは，経済学的には不可能とされている（アローの不可能性定理）[16]。

これまで述べてきたように，ユニバーサルサービスをどう確保するかという問題は公平性の観点を抜きにしては，語り得ない。したがって，ユニバーサルサービスの確保問題を論じるさいには，経済学が宿命的に背負う上記の限界が，程度の差こそあれ何らかの形で露顕することになる。料金理論の先導的研究者として知られるW. J. Baumolは，「〔経済学によって〕何が公平であり，何が公平でないかを明らかにすることは望み得ないが，選択された公平性の基準がどのようなものであれ，それを達成するうえで何が非効率を生み出し，何が自壊（self-destructiveness）さえも惹き起こすかを明らかにすることは期待できる」（Baumol［1986］p.12）と，自嘲的に述べている。W. J. Baumolのこの指摘が示唆するように，「効率性と公平性」のトレードオフについて理想的な均衡解を一意的に導出するような固有の意味での「ユニバーサルサービスの経済理論」というものは存在しないのである。

以下では，最も よく知られた料金理論の1つであるラムゼイ価格の事例を通して，Baumol［1986］の指摘の含意を敷衍していきたい。Ramsey［1927］

16 Watts and Zimmerman [1986]（p.8）. なお，Arrow [1963] で提示された「不可能性定理」については，藤井［1997］（16-17頁）で筆者なりの論点整理を行っている。

は，消費者余剰をできるだけ減らすことなく政府に十分な税収をもたらすような様々な財の税率を決定する方法（最適課税のルール）を提案した。その後，Boiteux［1956］は，Ramsey［1927］の分析を，公的独占（monopole public，公営公益事業）における収支制約下の社会厚生最大化問題として展開した。さらに，Baumol and Bradford［1970］は，Ramsey［1927］の提案が，複数の財を生産する自然独占（natural monopoly，規模の経済を有する産業）の次善の価格形成にも適用可能であることを明らかにした。こうした経緯から，自然独占における次善価格が，ラムゼイ価格と呼ばれるようになった（Train［1991］p.116；藤井［1987］210頁）。

周知のように，経済学における最善の価格形成は，価格と限界費用を等しくすることである。しかし，自然独占に特徴的な右下がりの平均費用曲線を想定すると，限界費用は常に平均費用を下回るので，この最善価格はマイナスの利潤を生み出すことになる。自然独占に補助金が支給されないという条件のもとで，すなわち自然独占の利潤を非負とするという制約条件（収支制約）のもとで，社会厚生を最大化すること（つまり消費者余剰の死荷重 deadweight loss を最小化すること）が課題となる。

社会厚生を W，第 i 市場における需要曲線を p_i（q_i），需要量を q_i，限界費用を mc_i，総費用関数をC（q）（ただし $q=(q_1, q_2, \cdots q_n)$）とすると，上記の課題は式（1）のように表される。

$$(1)\quad \max \quad W=\sum_i \int p_i(q_i)\,dq_i-\sum_i mc_i\, q_i$$

$$\text{s.t.} \quad \sum_i p_i(q_i)\,q_i-C(q)\geq 0$$

図表7.2に示される斜線部分が，消費者余剰の死荷重を表している。単純化のために，図表7.2では，需要曲線は線形，限界費用は一定と，仮定している。図表7.2と照らし合わせると容易に理解されるように，式（1）は，収支制約のもとで死荷重の総和を最小化する条件を導き出そうとするものである。式（1）に関する1階の条件から，式（2）を得る。

$$(2)\quad \frac{p_i-mc_i}{p_i}=\alpha\frac{1}{\varepsilon_i}$$

図表 7.2　第 i 市場における死荷量

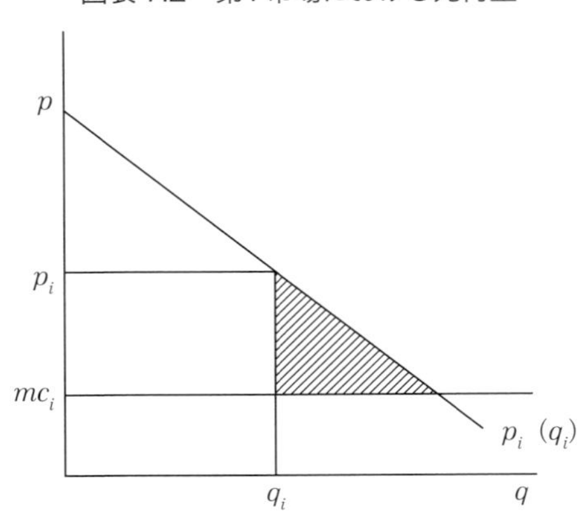

ただし，$\alpha=\lambda/(1+\lambda)$（ラムゼイ・ナンバー），$\varepsilon_i=-p_i/q_i\cdot dq_i/dp_i$（第 i 市場における需要の価格弾力性）である。式（2）は，ラムゼイ価格の基本条件を表している。その意味するところは，価格と限界費用の最適乖離は，当該財の価格弾力性に反比例するように決定されるということである。すなわち，これが，収支制約のもとで社会厚生を最大化する次善価格の形成ルール（ラムゼイ・ルール）ということになる。

この条件に従うとき，価格弾力性の小さい市場では高い価格が設定され，価格弾力性の大きい市場では低い価格が設定されることになる。つまりそれは，代替的な財へのアクセスが困難な需要者（一般に低所得者）には相対的に重い負担を課す一方で，代替的な財へのアクセスが容易な需要者（一般に高所得者）には相対的に軽い負担を課すということである。図表 7.2 に示される需要曲線の傾きが急であるほど，価格と限界費用の差によって生じる死荷重は小さくなるので，需要曲線の傾きがより急な市場（低所得者が相対的に多数を占める市場）で価格と限界費用の差を大きくするほど社会厚生は大きくなるというのが，ラムゼイ・ルールのグラフによる直観的な理解となる（Train［1991］pp.123-125）。

価格弾力性の大きい市場での需要を喚起することで社会厚生を最大化するという点に，ラムゼイ価格の政策的な含意がある。しかし以上から明らかなように，ラムゼイ価格は所得逆進的な性質を持つ。「したがって，これらの価格決定方式の導入は，『公平性』に対する議論を引き起こすと考えられよう。特に，ユニバーサル・サービスなどの概念の強い分野ではなおさらである」（山内［1996］54頁）とされている。Baumol［1986］が，「自壊」と表現したのは，たとえばこのような経済学的最適解を念頭に置いてのことであったと推察される。需要の価格弾力性の計測が現実的には困難という事情もあり，ラムゼイ価格を実務に導入することは難しく，事実またその直接的な採用例はないとされている（山内［1996］54頁；伊東編［2004］796頁）。

とはいえ，ラムゼイ価格が，料金規制に何らの貢献ももたらさないと即断するのは，適切ではなかろう。収支制約下の社会厚生最大化という問題設定自体は，今日の料金規制においても依然として有効である。その次善最適に接近するためには，市場別に価格差別を設定することが必要となる。現行の多くの公共料金がそのような需要喚起的なスキームを含んだ料金体系を備えていること（奥野［1975］35頁），ラムゼイ価格が当該各体系の合理性を経済学の観点から説明するものとなっていること（山谷編著［1992］）を，ここで改めて確認しておく必要があろう。

以上を要するに，自然独占下の料金規制において効率性の確保にも目配りすることが必要とされる限りにおいて，経済学は固有の貢献を料金規制にもたらすことになるのである。そしてまた，郵政事業が自然独占性を有する限りにおいて，そのことは郵政事業の料金規制にもまったく同様に当てはまるのである。しかし，繰り返していえば，そのような問題に一意的な解は存在しない。だからこそ，ユニバーサルサービスにおける「効率性と公平性」のバランスのあり方が（主として政治の場で），絶えず問われることになるのである。

4　ユニバーサルサービスコストに対する補助の諸類型

ユニバーサルサービスコストに対する補助には，いくつかのパターンがある。この節では，郵政事業を念頭に置きながら，そのパターンを類型分析的に整理していくことにしたい。この作業は，コスト負担の観点からユニバー

図表 7.3　郵政事業における補助の諸類型

	類　型	資金移転のパターン
内部補助	サービス間内部補助	黒字地域→赤字地域
		第一・二種郵便物→第三・四種郵便物
	事業間内部補助	金融２社→日本郵便？
	戦略的内部補助	独占的サービス→急送便サービス？
外部補助	コスト外部補助	その他の事業者→適格事業者
	政策的外部補助	政府→事業者

(出所) 石井・武井［2003］; 井手［2015］等を参考にして作成。

サルサービスの性質を俯瞰することに繋がる。

補助は大きく，内部補助（「内部相互補助」と呼ばれることもある）と外部補助に分かれる。補助が，事業体（会計上の企業実体 business entity）[17]の内部財源によってなされるのが内部補助であり，事業体の外部財源によってなされるのが外部補助である。換言すれば，前者は事業体内部での資金移転を実態とする補助であるのに対して，後者は事業体外部から事業体への資金移転を実態とする補助である。内部補助と外部補助の選択（ないし組合せ）は，郵政事業に係る経済的効率性と社会的公平性を総合的に勘案して政策的に決定される。繰り返し述べてきた「効率性と公平性」のバランスが，ここではとりわけリアルに問われることになるのである。ちなみに，前節でふれたラムゼイ価格は，経済的効率性の観点から内部補助（サービス間内部補助）の最適状態を示したものとして位置づけられる。

先回りして本節での論点整理の概要をまとめると，図表 7.3 のようになる。論点整理の網羅性を確保するために，図表 7.3 は，潜在的な事例（実態が不明確な事例や現時点では導入されていない事例）も含めて，作成している。

4.1 内部補助の諸類型

サービス間内部補助　サービス間内部補助は，同一事業内のあるサービス

17 会計上の企業実体については，差し当たり藤井［2019］（64-65 頁）を参照されたい。

から他のサービスに資金を移転させるものである。郵政事業においては，①黒字地域の郵便サービスから赤字地域の郵便サービスへの資金移転，②第一・二種郵便物から第三・四種郵便物への資金移転が，その代表的なケースとなる。①は地域間内部補助を，②は種別間内部補助を，それぞれ意味している。

上記②に関連して付言しておくと，情報通信審議会［2015a］（26頁）では，「当審議会の議論において，〔第三種郵便物と第四種郵便物については〕ユーザ間の内部相互補助に当たるものとして，民営化された以上は，本来外部補助によるべきものではないかとの意見もあった」とされている。

事業間内部補助　事業間内部補助は，同一事業グループ（連結企業集団）内のある事業から他の事業に資金を移転させるものである。日本郵便はゆうちょ銀行とかんぽ生命から毎年，代理業務手数料（業務委託手数料）を受領している[18]。2019年3月期の決算で見ると，ゆうちょ銀行から受領した銀行代理業務手数料は約6,000億円，かんぽ生命から受領した生命保険代理業務手数料は約3,600億円となっている。その合計は，同社の営業収益約2兆円の約半分を占めている。

日本郵便が受領する代理業務手数料には金融2社からの内部補助が含まれているのではないかという指摘が，一部でなされてきた（たとえば野村［2006］111頁；太田［2012］5頁）。これらの指摘は，代理業務手数料のある部分が（国民に見えない）事業間内部補助になっている可能性を問題にしたものである[19]。情報通信審議会［2015a］（5頁）でも，「日本郵便の営業

18　日本郵便が金融2社から受領する手数料は，同社の連結損益計算では「銀行代理業務手数料」「生命保険代理業務手数料」という独立科目で表示されている（日本郵便［2018年度］63頁）。これに対し，金融2社が日本郵便に支払う委託手数料は，ゆうちょ銀行の連結損益計算では「営業経費」に（ゆうちょ銀行『有価証券報告書』2018年度，81頁），かんぽ生命の連結損益計算では「事業費」に（かんぽ生命『有価証券報告書』2018年度，115頁），他の諸経費と合算されて表示されている。ちなみに総務省［2018b］（2頁）では，金融2社が日本郵便に支払う手数料は，「〔銀行窓口業務・保険窓口業務の〕委託手数料」と表記されている。

19　石井・武井［2003］（121頁）では，「わが国の郵政事業においては公社化後の現在に至るまで，郵便，郵便貯金，簡易生命保険事業相互間での『事業間内部補助』は一切行われていない」とされている。
ちなみに，日本郵便［2019年度］（38頁）によれば，同社は，ゆうちょ銀行とは委託手数

黒字・純利益黒字は金融窓口セグメントの黒字（金融２社からの業務手数料等）に支えられている面もある」（傍点引用者）と指摘されている。この指摘は，金融２社からの業務手数料等（の少なくとも一部）が「補助」の性質を帯びていることを示唆したものとなっている。

周知のように，金融２社から徴収する拠出金を，ユニバーサルサービスの維持に係る基礎的費用の支援財源として，郵政管理・支援機構（正式名称は「郵便貯金簡易保険管理・郵便局ネットワーク支援機構」—傍点引用者）を通じて日本郵便に交付する制度が，2019年４月１日から始動した[20]。金融２社が日本郵便に支払う業務委託手数料にはそれまで消費税が発生していたのであるが，業務委託手数料を同機構経由の交付金とすることで，当該消費税の一部が免除されることになった[21]。

注目すべきは，それまで「業務委託手数料」（すなわち「業務委託の対価」）の名目で支払われていた資金の主要な一部が，新制度のもとでは「郵便局ネットワーク支援」を目的とした拠出金として支払われるようになった点にある。法制度上の文言からすれば，それは，当該資金移転が金融２社から日本郵便への内部補助であることを公式的に認めたものとなっている。つまりその限りでそれは，野村［2006］他の指摘の妥当性を追認した制度変更となっているのである。この変更が，単なる名称の変更なのか，それとも実態を反映した変更なのかについては，別途検討が必要であろう。もし当該変更が「支援」という実態を反映したものであれば，野村［2006］他が示唆するように，金融２社が負担する拠出金の算定根拠の社会的適正性が今後，不断

料支払要領を，かんぽ生命とは代理店手数料規程等を，それぞれ締結し，所定の算定方法等に従って代理業務手数料を算定しているとされる。

20 情報通信審議会［2015a］（24頁）では，「当該消費税は，窓口業務を一体で行う金融機関にはない追加的な負担であり，こうした状況が継続すれば，将来的に関連銀行等の担い手がいなくなり，金融ユニバーサルサービスの提供に支障が生じることが懸念されることから，消費税の特例措置の検討が必要である」とされていた。新制度の創設は，この答申に応えたものとなっている。

21 新制度において拠出金・交付金として支払われるのはユニバーサルサービスの維持に係る基礎的費用として算定された金額である。それ以外の費用負担は，従来通り「民・民」の契約で決定するものとされている（総務省［2018b］３頁）。したがって，業務委託手数料に発生していた消費税の全額が，新制度によって免除されるわけではない。

に問われることになるであろう[22]。この問題は，「郵政3事業の一体的運営」（第1章1節参照）のあり方にも深く関連する問題である。

戦略的内部補助　「TPP附属書10-B: 急送便サービス（TPP Annex 10-B: Express Delivery Services)」では，「いずれの締結国も，郵便独占の対象とされたサービス提供者が独占的な郵便サービスから生ずる収入を用いて当該提供者自身又は競合する他の提供者による急送便サービスに補助を行うことを認めてはならない」とされている。この規定は，独占的な郵便サービスから生じる独占利益を急送便サービスに補助の形で移転することを禁止したものである。このパターンの補助では，独占的サービスから生じる独占利益が他のサービス（この場合には急送便サービス）の競争力強化のために戦略的に利用されることになる。この点に着目し，ここでは差し当たり当該補助を，戦略的内部補助と呼んでおくことにする[23]。

TPPでいう「急送便サービス」とは，国際的な宅配便サービスをいうものとされている。そして在日米国商工会議所［2006］（2頁）では，日本郵便の手掛けるEMSが事実上，TPPでいう急送便サービスに相当するものになっているとされる[24]。もし在日米国商工会議所［2006］のこうした指摘が妥当性を持ち，かつ日本郵便の独占的サービスからEMSに資金が移転され

22　以上の点に関連して付言しておけば，金融2社の株式売却が進み当該2社が日本郵政の連結子会社ではなくなった場合に，当該2社から日本郵便に対して行われる補助（支援）がどのような性質を持つことになるか（たとえば内部補助か外部補助か）が，今後検討されるべき課題の1つになると考えられる。その性質をどう見るかの判断は基本的には，金融2社の株式売却（ないし完全民営化）が3事業の「一体的運営」にどのような影響を及ぼすかによって決まるであろう。

23　ここでいう独占利益を「競合する他の提供者による急送便サービス」に対する補助に利用した場合，当該補助は外部補助となる。

24　在日米国商工会議所［2006］（1-3頁）では，日本においてはEMSがユニバーサルサービスと位置づけられていることから，当該サービスが通関手続き等において優遇措置を与えられている（その限りで民間事業者との競争上のイコールフッティングが損なわれている）という批判がなされている。これは，戦略的内部補助の観点とは異なる角度からのEMS批判となっている。
この問題に関する日本郵政グループの見解は，次の通りである。「米国を含め世界的に，国際郵便の特質・規制等を踏まえて，国際郵便と国際急送便サービスで異なった通関手続きとなっているのが通例である」（日本郵政グループ［2013］5. 提出意見④（急送便）3)。この見解は，EMS（国際郵便）と国際急送便が商品性および利用実態の点で異なっており，両者を同一に論じることはできないという前提で，示されたものである。

ているとすれば，当該資金移転はTPPが禁止する戦略的内部補助に該当するものとなる[25]。この問題も，今後さらに立ち入った分析・検討を必要とする問題であるといえよう[26]。

4.2 外部補助の諸類型

コスト外部補助　規制緩和に係る主要な施策の1つに，新規参入者の育成がある。新規参入者は他の条件が等しければ，低コスト事業（高収益事業）に参入する。この新規参入は，低コスト事業における競争の進展をもたらす。しかし，ユニバーサルサービスの提供義務を課された事業者の側では，かかる競争の進展にともない内部補助財源の縮小が生じることになる。こうした状況下で当該事業者の自己財源で賄えなくなった（あるいは当該事業者の自己財源で賄うことが適切でない）ユニバーサルサービスコストを補塡する目的で実施される外部補助が，コスト外部補助である（電気通信審議会［2000］59頁）。

新規参入者等[27]に資金の拠出を求め，ユニバーサルサービスの提供義務を

---

25 この問題に関する日本郵政グループの見解は，次のとおりである。「内部相互補助を抑止する措置が必要との意見に関して，当社は，毎年度，郵便事業の収支の状況について内国郵便及び国際郵便に分けて公表しており，国際郵便は黒字となっていることから，内部相互補助が行われているとの指摘は当たらない」（日本郵政グループ［2013］5. 提出意見④（急送便）4）。

26 この問題に関する総務省の見解は，次のとおりである。「EMSは，郵便法とUPU条約により，我が国においては郵便法第1条の適用を受けるユニバーサルサービスの対象とされている。また，ユニバーサルサービスは全体として維持されるべきものであり，ユニバーサルサービスとして内部相互補助は問題とならない」（総務省［2009b］26頁）。
EMSの位置づけを複雑なものにしている主たる要因として，①TPPでいう「急送便サービス（Express Delivery Services)」が何を指すのかが必ずしも明確でないこと，②国際郵便のルールを定めた万国郵便条約（Universal Postal Convention）がその第3条で，ユニバーサルサービスの対象となる国際郵便の範囲の決定については加盟国の国内法制等によるとしていること（換言すればユニバーサルサービスとして提供されるべき国際郵便の範囲について国際的な合意が存在しないこと）の，2つをあげることができる。つまりこの問題は，ユニバーサルサービスの一般に認められた定義の不在から生じる今日的問題の1つの典型事例となっているのである。
ちなみに，たとえば情報通信審議会［2015a］（21頁）での議論を前提とすれば，EMSがユニバーサルサービスに該当するか否かの判断は基本的には，当該サービスが「国民生活に必要不可欠な公共性の高いサービス」という要件を満たすか否かに照らして行われることになるであろう。

27 フランスのラ・ポスト（La Poste）の事例に見るように，この資金拠出は，適格事業者に求められることもある（総務省［2015b］20頁）。このようなケースでは，資金移転の実態は，

課された事業者（「適格事業者」と呼ばれる）にユニバーサルサービスコストの補塡財源として当該資金を支給するというのが，コスト外部補助の基本的なスキームである。つまり，コスト外部補助制度のもとでは，適格事業者はユニバーサルサービスを提供する限りにおいてコスト外部補助を受ける一方，ユニバーサルサービスの提供義務を負わないその他の事業者はその補助財源を負担することになるのである（“Play or Pay” 原則）[28]。

コスト外部補助は，競争環境下で適格事業者のみにユニバーサルサービスコストの負担を求めるのは競争的中立性の観点から適当でないという考え方にもとづくものである。ネットワーク外部性[29]が存在する事業においては，適格事業者によるユニバーサルサービスの確保は，その他の事業者が提供するサービスの利用者にもメリットをもたらすことになる（電気通信審議会［2000］59頁）。コスト外部補助はこうした視点も加味して，設計される。

ユニバーサルサービス基金は，コスト外部補助を実施に移すさいに採用される代表的な制度である[30]。情報通信審議会［2014a］（27-28頁）では当該制度について一定の審議が行われているが，その後の審議会において当該審議が具体的な政策提言に繋がることはなかった[31]。現在のところ，郵政事業

コスト外部補助のスキームを経由した内部補助ということになる。

28 この点については，電気通信審議会［2000］（59頁）を参照されたい。

29 ネットワーク外部性（network externality）の詳細については，依田［2001］（12-14頁）を参照されたい。

30 電気通信事業の場合，その他の方式として，接続料への付加金方式と税方式が想定されるとされている（電気通信審議会［2000］59頁）。

31 ユニバーサルサービス基金とはごく簡単にいえば，その他の事業者が拠出する資金を適格事業者にコスト外部補助として支給するさいにその資金移転を中継する制度である（電気通信審議会［2000］60頁）。
情報通信審議会［2014a］の後続の答申である情報通信審議会［2014c］および情報通信審議会［2015a］には，ユニバーサルサービス基金に関する記述はない。したがって，情報通信審議会［2014a］でのユニバーサルサービス基金に関する審議はその後，継続されなかったと考えられる。
これに対し電気通信事業においては，電気通信事業法施行令等にもとづきユニバーサルサービス基金制度が2002年6月に創設され，その後，情報通信審議会［2005］の答申等を経て，NTT東日本とNTT西日本を適格電気通信事業者とする現行制度が2007年1月に始動している。このことは，ユニバーサルサービスコストの負担方式は一意的に決まるものではなく，各事業領域の諸条件に規定されて多様であり得ること（あるいは多様たらざるを得ないこと）を物語っている。

においては，コスト外部補助は不採用の制度となっている[32]。

政策的外部補助　政府が一定の政策目的を達成するために，事業者に補助金を交付することがある。補助金を受領することで，当該事業者は，政府の政策目標に沿った特定の行動をとることが義務づけられたり，動機づけられたりする。ユニバーサルサービス確保（ユニバーサルサービスコストの補償）を目的とした補助も，その一例となる。ここではこのパターンの外部補助を，便宜的に政策的外部補助と呼ぶことにする。

政策的外部補助では，政府から事業者に資金が移転される。資金移転の点では税優遇も補助金の交付と同様の経済的効果を持つので，税優遇も政策的外部補助に含めて考える必要がある。前述のコスト外部補助は民間資金を財源とした外部補助であるのに対し，政策的外部補助は政府資金を財源とした外部補助である。

郵政改革においては「民間とのイコールフッティングの確保」が「郵政民営化の基本方針」（2004年9月10日閣議決定）の1つとされたことから，郵政事業にそれまで与えられていた政策的外部補助のほとんどは，郵政民営化に当たって廃止された[33]。つまり，政策的外部補助に係る制度の再設計においては，効率性の観点が重視されたことになる。情報通信審議会［2015a］（23頁）で列挙されている政策的外部補助は，郵便および印紙売りさばき業務の用に供する施設に係る事業所税の非課税措置と，郵便局舎等に係る固定資産税等の特例[34]の，2つのみ（いずれも税優遇）である[35]。

---

32 本章4.1で言及したように，郵政事業におけるユニバーサルサービスの維持は，郵政管理・支援機構を通じた支援金の交付によって図られることになった。このことが，コスト外部補助の不採用に繋がったと推察される。

33 郵政民営化以前（公社時代）は，とりわけ多種多様な税優遇が措置されており，国税（所得税，法人税，地価税，印紙税，登録免許税），地方税（法人住民税，法人事業税，事業所税），郵便局等の本来事業の用に供する資産の不動産取得税，固定資産税，特別土地保有税，都市計画税が，非課税であった。この点については，石井・武井［2003］（97頁）を参照されたい。

34 郵便局舎等に係る固定資産税等の特例は，2015年度までの時限措置とされたが，その後2019年度まで適用期間が延長された。

35 これらの非課税措置等は，「ユニバーサルサービス提供に資する環境整備」のために「国が取り組むべき方策」として位置づけられている（情報通信審議会［2015a］23頁）。

こうしたなかで実施された金融2社の拠出金（支援金）に係る消費税の一部免除（本章4.1参照）は，日本郵便に付与された特例的な政策的外部補助として注目される。ただし，この政策的外部補助は，資金の流れから見れば，郵政民営化以前の状態を部分的に復元したものに過ぎない。その意味で，当該補助は，日本郵便に新規の資金をもたらす措置ではないことに留意しておく必要があろう。

5 ユニバーサルサービスコストの算定

ユニバーサルサービスコストの大きさは，「ユニバーサル・サービスの範囲の確定，その確保のための方式設計」と密接に関係する（浅井［1997］65頁）。そのために，ユニバーサルサービスに係る制度設計においては，ユニバーサルサービスコストの算定が重要な意味を持つことになる。わが国における郵政事業のユニバーサルサービスコストを定量的に算定した代表的な文献として，浦西［2007］と情報通信審議会［2015a］の2つがある。この節では，これら2文献に依りながら，郵政事業のユニバーサルサービスコスト算定に係る主要論点を整理していくことにしたい。

5.1 コストの算定手法

ユニバーサルサービスコストの算定についてはこれまで，回避可能費用法（net avoidable cost model; NAC法），収益性アプローチ法（profitable approach; PA法），参入価格法（entry pricing; EP法），ベンチマーク法（benchmark法）等の手法が開発されてきた（情報通信審議会［2015a］14頁）。このうち，上掲の2文献で採用されている手法はいずれも，NAC法である。回避可能費用とは，事業者がユニバーサルサービス義務を負わないとすれば回避することが可能な不採算サービスの費用をいい，「一般的に認識されているユニバーサルサービスコストと整合性が得られやすいということ，また，赤字地域や赤字サービス等の赤字額を把握しやすいというメリットがある」（情報通信審議会［2015a］14頁）とされる。ただし，NAC法は，ネットワーク外部性を捨象した手法である点に留意しておく必要がある。

5.2 コスト算定の前提

浦西［2007］では，ユニバーサルサービスの範囲を通常郵便物（第1～4種郵便物）とし，「1通あたり供給コストが全国均一料金を上回る地域において生じた損失の総和」を，ユニバーサルサービスコストとして算定している。算定単位は47都道府県で，算定対象期間は2000～2002年度の3年間である（浦西［2007］56頁，60-62頁）。

これに対し，情報通信審議会［2015a］では，関連諸法令によって規定されたユニバーサルサービスを，ユニバーサルサービスコストの基本的な算定対象としている。すなわち，郵便役務については，通常郵便物（年賀郵便物を含む）[36]に加えて，特殊取扱郵便物（(義務的なもの）書留，引受時刻証明，配達証明，内容証明，特別送達）および国際郵便物（通常郵便物，小包郵便物，EMS）をユニバーサルサービスの範囲とし，経由地域別収支方法により当該サービスの収益・費用等を算定している（情報通信審議会［2015a］16頁，18頁）。郵便局窓口業務（銀行窓口業務および保険窓口業務）の収益については，業務別の取扱件数等にもとづき業務別の取扱1件当たりの窓口委託手数料を算定すること等により地域別・業務別に，これを算定している。また当該業務の費用については，地域別・業務別の取扱件数に地域別・業務別の取扱1件当たりの費用を乗じること等により，これを算定している。算定単位は1,087集配郵便局エリアで，算定対象期間は2013年度の1年間である（情報通信審議会［2015a］16頁，18-19頁）。

以上から理解されるように，ユニバーサルサービスコストを定量的に算定するに当たっては，多くの（割切った）前提を置くことが必要となる。また採用される算定手法が同じであっても，問題意識や利用可能データ等の相違によって，ユニバーサルサービスの範囲設定は相違することになる。

5.3 コストの算定結果とその解釈

図表7.4は，浦西［2007］と情報通信審議会［2015a］で示されたユニバーサルサービスコストの算定結果を，一覧したものである。浦西［2007］で

36 ちなみに，本章2.3でふれたように，現行の関連諸法令では，年賀特別郵便はユニバーサルサービスに含まれていない。

図表 7.4　郵政事業におけるユニバーサルサービスコスト　単位：億円，%

浦西［2007］	情報通信審議会［2015a］		
通常郵便物 2000 ～ 2002 年度の平均値	郵便役務 2013 年度	郵便局窓口業務 2013 年度	
		銀行窓口	保険窓口
2,574 (13.6)	1,873 (15.0)	575 (10.2)	183 (5.3)

(注)（　）内は，ユニバーサルサービスコスト比率（ユニバーサルサービスコスト÷収入）を表す。
(出所) 浦西［2007］(63 頁)；情報通信審議会［2015a］(19 頁) により作成。

は，通常郵便物に係るユニバーサルサービスコストの 2000 ～ 2002 年度の平均値として，2,574 億円が示されている。他方，情報通信審議会［2015a］では，2013 年度のユニバーサルサービスコストとして，郵便役務 1,873 億円，銀行窓口業務 575 億円，保険窓口業務 183 億円が，それぞれ示されている。

ユニバーサルサービスコスト比率　浦西［2007］で示されたユニバーサルサービスコスト 2,574 億円は，同期間の通常郵便収入の平均値 18,985 億円の約 13.6% に相当する（浦西［2007］62 頁）。他方，情報通信審議会［2015a］で示された郵便役務のユニバーサルサービスコスト 1,873 億円は同年度の郵便役務収入 12,457 億円の約 15.0% に，銀行窓口業務のユニバーサルサービスコスト 575 億円は同年度の銀行窓口業務収入 5,626 億円の約 10.2% に，保険窓口業務のユニバーサルサービスコスト 183 億円は同年度の保険窓口業務収入 3,424 億円の約 5.3% に，それぞれ相当する（情報通信審議会［2015a］19 頁）。事業収入に占めるユニバーサルサービスコストの比率を，ここでは便宜的にユニバーサルサービスコスト比率と呼んでおくことにする。

2 文献に共通する算定対象事業である郵便事業（役務）に限った場合，算定の対象期間や前提等が異なるにもかかわらず，ユニバーサルサービスコスト比率がほぼ同じ水準（西浦［2007］では 13.6%，情報通信審議会［2015a］では 15.0%）に定まっている点に，注目したい。わが国の郵便事業（役務）においてはこれまで，ユニバーサルサービスコスト比率が（結果的に）約

15%となる水準でユニバーサルサービスが提供されてきたということを，この事実は含意している。つまり，この経験的事実は，郵便事業（役務）におけるユニバーサルサービスの持続可能な確保を図るうえで，ユニバーサルサービスコスト比率を15%の近傍でコントロールすることが（少なくとも1つの有力な）目安になるということを示唆しているのである[37]。

地域間内部補助　情報通信審議会［2015a］（19-20頁）では，NAC法によるユニバーサルサービスコストの算定結果にもとづいて，各集配郵便局エリアの状況（黒字局・赤字局の状況）が示されている。その概要をまとめると，図表7.5のようになる。そこに示される赤字局の赤字額合計（2,631億円）が，情報通信審議会［2015a］で示された郵政事業全体のユニバーサルサービスコストを表している（図表7.4のコスト合計と一致する）。

この分析結果は，ユニバーサルサービスの確保に当たり，採算地域から不採算地域に対して地域間内部補助がどの程度行われているかを明らかにしたものとなっている。図表7.5に見るように，ユニバーサルサービスコストの算定単位とされた1,087集配郵便局エリアのうち，黒字局は，郵便役務214

図表7.5　各集配郵便局エリアの状況

	黒字局	赤字局	局合計	黒字局の黒字額合計	赤字局の赤字額合計	収支差額
郵便役務	214 (19.7)	873 (80.3)	1,087 (100.0)	2,059	△1,873	186
郵便窓口業務						
銀行窓口	698 (64.2)	389 (35.8)	1,087 (100.0)	1,031	△575	456
保険窓口	608 (55.9)	479 (44.1)	1,087 (100.0)	283	△183	100
合計額	—	—	—	3,373	△2,631	742

（注1）単位は，局については局エリア数，金額については億円。
（注2）（　）内は，局合計を100.0%とした割合。
（出所）情報通信審議会［2015a］（19-20頁）により作成。

37　ただしこのことは，15%が，ユニバーサルサービスコスト比率の理想的な水準であるということを含意するものではない。

局（19.7％），銀行窓口698局（64.2％），保険窓口608局（55.9％）となっている。

筆者が知る限り，郵政事業のユニバーサルサービス確保に係る地域間内部補助の状況を定量的に明らかにしたのは，情報通信審議会［2015a］が初めてである。その分析結果は，郵政事業におけるユニバーサルサービスのあり方をめぐる今後の議論に，貴重な基礎資料を提供するものとなるであろう。

ただし，既述のように，NAC法はネットワーク外部性を捨象した手法であることに留意しておく必要がある。黒字局の黒字は，黒字局の独自要因（立地条件や経営努力）のみによるものではなく，赤字局を含む郵便局ネットワークの経済効果を得て初めて達成されたものである。しかし，NAC法はそうした経済効果を考慮していない。したがって，「郵便役務については，約8割の赤字の集配郵便局エリアのコストを約2割の黒字の集配郵便局エリアの利益で賄っている」（情報通信審議会［2015a］21頁）といった過度に単純化された議論を，今後の政策立案のプロセスにおいて一人歩きさせないことが肝要であろう。

6 社会通念としてのユニバーサルサービス

以上によって，本研究の体系性を整えるうえで必要と考えられる範囲でユニバーサルサービスに関する先行文献のレビューを行い，主要論点に若干の評釈を加えるという本章の目的はおおむね達成されたものと思われる。

ユニバーサルサービスについては，学術的に確定した定義がなく，またそのあるべき姿を教示する標準的な経済理論も存在しない。にもかかわらず，そのあり方が国民生活に大きな影響を持つことから，ユニバーサルサービスをめぐる議論は，国内外を問わず絶えることがない。議論の基本的なポイントは，「効率性と公平性」をどうバランスさせるかということに尽きるが，その解を得るには，状況依存的な試行錯誤を地道に繰り返していくしかない。それは，「ユニバーサルサービス」という1つの社会通念を不断に問い直し，あるいはまた再構築していく作業となるのである。

第8章
研究の総括と展望

この章では，本書での研究の総括を行うとともに，それを踏まえて今後の研究の展開方向を展望する。

第1章「問題意識と研究課題」では，日本郵政グループに固有の事業特性は「郵政3事業の一体的運営」であること，同グループに求められている「自立的経営」の実質は独立採算制と見なしうることを指摘したうえで，同グループに法的に義務づけられたユニバーサルサービス確保をめぐる諸問題は突き詰めると，郵政事業における「効率性と公平性」のバランス問題に帰着するという認識を提示した。かかる認識のもとに，当該バランス問題に日本郵政グループが，ひいては日本社会が，どのように取り組んできたかを，会計分析を通して明らかにすることを，本書の研究課題として提示した。そしてまた，本書における会計分析の反証可能性を確保するために，その分析は，標準的な会計分析の手法とオープンデータに依ることを明らかにした。

第2章「郵政民営化の経緯と論点」では，郵政民営化をめぐる制度設計の議論を分析・検討することによって，経営効率化をめざす郵政民営化とユニバーサルサービス確保をめぐる鋭い対立を浮き彫りにした。小泉政権は金融2社の完全民営化を着地点とする郵政民営化を掲げ，その移行期には郵政4機能を分社化するという制度設計を描いた。その構想は郵便のユニバーサルサービスを不要とするものではなかったが，そのコスト負担はもっぱら経営効率化によって解消すべきものとされた。もし赤字が生じた場合には，金融2社からの配当や株式売却収入を財源とする地域・社会貢献基金で補塡するという仕組みが提示された。これに対して公社の生田総裁は金融のユニバーサルサービスも重要として，移行期には3事業一体による経営が不可欠であると主張した。さらに「コインの両面」論を展開し，3事業のユニバーサルサービス遂行と引き換えに早期の経営自由化を認めるべきとの見解を示した。

第３章「郵政事業改革の模索と現実」では，郵政民営化の見直しと日本郵政３社の株式上場の経緯を辿ることにより，「効率性と公平性」のバランスの間を揺れ動く郵政事業改革と経営の現実を明らかにした。郵政民営化は４機能分社化による日本郵政グループの発足によって幕を切ったが，これに対して事業現場からの反発とともに制度設計についての見直し機運が生じた。その結果，ユニバーサルサービス維持を主眼とする３事業一体経営を復活させる改正郵政民営化法（現行法）が成立した。これにより金融２社の完全民営化は目標を見失うことになったが，他方で日本郵政の政府持株が東日本大震災の復興財源に位置づけられ，2022年を期限とする売却が義務づけられた。これにより日本郵政３社の株式上場および売却が具体的な日程に上り，日本郵政グループは企業価値向上を最優先課題とする成長戦略を追求せざるを得なくなった。経営効率化を主眼とする郵政事業改革を不断に迫られるようになったのである。

第４章「郵政事業のファンダメンタル分析（1）—民営化から株式上場まで—」では，郵政民営化により日本郵政グループが発足した2007年度から株式上場を実施する直前の2014年度までのファンダメンタル分析を行った。ゆうちょ銀行の財務上の特徴は，低位安定的な収益性にある。これは，ゆうちょ銀行の収益の過半が，有価証券の利息配当金とりわけ国債の利息によって占められていることによるものである。他方，かんぽ生命の財務上の特徴は，高水準のROEにある。これは，民営化前に約定された簡易保険に係る多額の責任準備金の存在（その結果としての高水準の財務レバレッジ）によるものである。ただし，簡易保険の満期到来により責任準備金およびその戻入れ額は今後減少することが見込まれる。かんぽ生命の経常収益の約４割強は責任準備金の戻入れ額が占めていることから，現状のままであれば責任準備金の戻入れ額の減少は減収に直結することになる。日本郵便の財務上の特徴は，低水準のROEおよびROAにある。これは主として，ゆうちょ銀行およびかんぽ生命の窓口業務を一手に担っていることから生じる総資本回転率の低さに起因するものである。

第５章「郵政事業のファンダメンタル分析（2）—株式上場後の推移—」では，株式上場後の2015年度から2021年度までのファンダメンタル分析を行った。ゆうちょ銀行の収益性の低水準安定という傾向に変化はないが，国債保有額が直近の 10 年間で 3 分の 1 程度となるなど，リスクを高めた資産運用に向かいつつある。しかし，依然として収益性の向上には至っておらず，今後の動向を注視する必要がある。かんぽ生命は，第 4 章でも分析した責任準備金およびその戻入れ額の減少，保険料収入の減少といった収益面の問題はあるものの，費用の削減が進み，収益性は総じて改善している[1]。日本郵便は 2015 年に子会社化したトール社関連ののれんの減損があり，大きな赤字を計上したものの，その後は減損処理によるのれんの償却額の軽減もあり収益性は改善している。

第 6 章「日本郵政グループの企業価値評価分析」では，上場以降の日本郵政，ゆうちょ銀行，かんぽ生命の資本政策と株価の推移を概観した後，2022 年 3 月期までの財務データを用い，ゆうちょ銀行，かんぽ生命の企業価値の理論値を算出した。そのうえで，理論上の企業価値と，実際の株価から算定した企業価値との差異に着目し，ゆうちょ銀行およびかんぽ生命への資本市場からの期待について検討した。市場はゆうちょ銀行に対して，直近の利益率，および営業収益成長率は持続しないとの見通しを持っていることが示唆された。さらに，資本コストの上昇が大きな企業価値の毀損に繋がる可能性も観察された。かんぽ生命に対しては，現状のマイナス成長が持続するとの見通しを市場は持っていると考えられ，利益率の改善が企業価値の維持・向上にとって重要であることが示された。また，日本郵便については，日本郵政の企業価値から，ゆうちょ銀行，かんぽ生命の企業価値を保有株式の割合に応じて減じた額をその企業価値として推定し，分析を行った。上場後の多くの期間で日本郵便の企業価値はマイナスとなる結果が得られた。日本郵便はユニバーサルサービス義務を課された公共性の強い企業であり，「公共性と効率性」のトレードオフ関係の影響を大きく受けた結果となった。

第 6 章の補章「日本郵便の国際化戦略―トール社買収をめぐる日本郵便の見通しと市場の期待―」では，日本郵便が 2015 年 2 月に約 6,200 億円で買収し，わずかその 2 年後に約 4,000 億円の減損損失を計上したトール社につ

1　かんぽ生命の不正販売（2019 年発覚）の影響は本分析の後半で大きく表れているが，その影響はその後の費用の削減効果により一定程度減殺されている。

いて，第6章で利用した残余利益モデルの援用による期待の推定方法を用いて分析を行った。分析の結果，日本郵便がトール社に対して買収前の市場の期待に比べて30～50%ほど高い利益水準を期待していたことが，明らかになった。この非常に高い水準のシナジー効果への期待が，後に判明した投資の失敗の主因となっていることが示唆されている。

第7章「ユニバーサルサービスの理論と実際」では，本書での研究の体系性を整えるうえで必要と考えられる範囲で，ユニバーサルサービスに関する先行文献のレビューを行い，主要論点に若干の評釈を加えた。その結果，ユニバーサルサービスについては明確な定義が存在しないにもかかわらず，ユニバーサルサービス確保に係る政策指向的議論が国内外で断続的にそれなりになされ，しかもその議論がユニバーサルサービス規制のあり方を根底において規定してきたことを明らかにした。ユニバーサルサービスを取り扱った経済理論は，もっぱらユニバーサルサービス確保に係る効率性を論じたものであり，公平性の問題については無力であることを再確認した。ユニバーサルサービスを外部補助によることなく確保するためには，何らかの内部補助が不可欠となる。ユニバーサルサービスに対する補助の諸類型を整理・検討する作業を通じて，金融2社から日本郵便に支払われる業務委託手数料（郵便局ネットワーク維持交付金の原資となる拠出金）は内部補助の可能性があることを指摘した。ユニバーサルサービス比率（収入に対するユニバーサルサービスコストの割合）については，これを15%の近傍でコントロールすることが，郵便事業におけるユニバーサルサービスを持続可能な形で確保するさいの経験的な目安になるということを，先行文献の検討にもとづいて指摘した。

以上が，本書の各章で行った研究の総括である。以上を通して改めて見えてくるのは，郵政事業におけるユニバーサルサービス確保の実践が，幾多の紆余曲折を経ながらも，各局面でその都度現実的な公共選択がなれたことによって，事業の命脈を繋いできたということである[2]。その姿は，わが国における市民社会のあり様を縮約的に写し出す鏡になっているといえるかもし

2　このことは，「理性的であるものこそ現実的であり，現実的であるものこそ理性的である」（Hegel [1821] S.14）という周知の箴言を，改めて想起させる。

れない。

市場経済において，ユニバーサルサービスの確保をどう図るかは，本書で繰り返し述べてきたように，古くて新しい問題である。経済学によっては理想的な均衡解を一意的に導き出すことのできない「効率性と公平性」のバランス問題が，そこに立ちはだかるからである。しかし，ユニバーサルサービスが「国民生活に不可欠のサービス」（電気通信審議会［2000］51頁）である以上，当該問題から目を背けることは許されないであろう。

国内外の過去および現在の経験に学びつつ，ユニバーサルサービス確保の方策はどうあるべきかを絶えず，愚直に問い続けることが，当該問題に取り組む研究者に課された「使命（Berufspflicht）」といえるであろう。そのような営為が，限定的であるにせよ，「ユニバーサルサービス」という社会通念を時代の流れに即応した形で再構築することに繋がり，そのことが「効率性と公平性」のバランス問題に係る選択に１つの判断材料を提供するものになると考える。これが，本書での検討を通じてわれわれが辿り着いた結論であると同時に，われわれの今後の研究を導く基本的な問題意識となる。かかる問題意識のもとに，新たに生起する諸状況を踏まえながら，引き続き「郵政事業の会計分析」を手掛けていきたいと思う。

郵政事業略年譜

郵政民営化に関わる出来事や郵政事業をとりあげ，商品・事業（◎），企業・経営（○），法律・制度（□），政治・社会（▽）の各側面を視野に入れて略年譜を構成している。

●郵政改革前史（1871～1995年）

1871（明治 4）年　◎新暦4月20日，郵便創業。東京・大阪間で新式郵便の取扱開始

1873（明治 6）年　○郵便事業の独占，全国均一料金導入，郵便はがきの発行開始

1875（明治 8）年　◎郵便為替（送金）創業，郵便貯金創業

1885（明治18）年　□伊藤博文内閣（榎本武揚逓信大臣）が発足。

1887（明治20）年　○郵便マークを「〒」と制定

1892（明治25）年　◎小包郵便の取扱開始

1901（明治34）年　○赤いポストが登場

1916（大正 5）年　◎簡易生命保険創業

1920（大正 9）年　◎創業50年，郵便局8,002局，郵便物38億通

1928（昭和 3）年　▽かんぽ生命「国民保健体操」がNHKのラジオ放送で広く普及

1941（昭和16）年　◎定額郵便貯金の創設

1947（昭和22）年　□「あまねく公平に提供」を謳った郵便法を施行

1948（昭和23）年　□特定郵便局長の局舎無償提供の廃止，公務員化

1949（昭和24）年　▽逓信省が二省（郵電）分離されて電気通信省と郵政省が発足

1950（昭和25）年　◎創業80年，郵便局15,017局，郵便物35億通

1960（昭和35）年　◎郵便貯金現在高1兆円

1968（昭和43）年　◎郵便番号（3桁）制の実施

1970（昭和45）年　◎創業100年，郵便局20,643局，郵便物117億通

1981（昭和56）年　◎郵便貯金自動預払機（ATM）による取扱い開始

1984（昭和 59）年　◎郵便貯金オンライン全国ネットワークが完成
1985（昭和 60）年　▽民営化でNTT（政府持株 34.69%），JT（同 33.35%）が誕生
1987（昭和 62）年　▽民営化でJR各社（政府持株なし）が誕生

●行政改革と郵政公社の成立（1996 ～ 2007 年）

1996（平成 8）年　▽橋本龍太郎総理を会長とする行政改革会議が発足（11月）
　▽行革委員会「行政関与の在り方に関する基準」の提出（12 月）
1997（平成 9）年　▽行革中間報告「簡保民営化，郵貯民営化準備，郵便国営」（9 月）
　▽行革最終報告で，「2003 年に三事業一体公社化」の方針（12 月）
1998（平成 10）年　◎郵便番号（7 桁）制の実施（2 月）
　□最終報告を具体化した「中央省庁等改革基本法」が成立（6 月）
1999（平成 11）年　◎ATM・CD について民間金融機関との接続が始まる（1 月）
　◎郵便貯金現在高 260 兆円〔過去最高〕（12 月）
2000（平成 12）年　◎創業 130 年，郵便局 24,774 局，郵便物 265 億通〔ピーク〕（4 月）
2001（平成 13）年　□省庁再編で郵政省は総務省に，実施部門は郵政事業庁に（1 月）
　▽小泉純一郎内閣（片山虎之助総務相）が発足（4 月）
　□旧大蔵省への預託義務の廃止，全額自主運営への移行（4 月）
2002（平成 14）年　□「日本郵政公社法」（関連 4 法）の成立（7 月）
2003（平成 15）年　○公社発足，初代総裁は生田正治（元商船三井会長）（4 月）
　□信書配達の民間開放を認める「信書便法」施行（4月）
　▽自民党総裁選で郵政民営化を掲げた小泉総理が圧勝（9 月）

	▽経済財政諮問会議，郵政民営化「5つの基本原則」を提示（10月）
	▽衆院選で与党（自公保）勝利，第2次小泉内閣が発足（11月）
	▽麻生太郎が総務相，竹中平蔵が内閣府特命担当相に就任（11月）
2004（平成16）年	▽経済財政諮問会議「郵政民営化に関する論点整理」を決定（4月）
	▽経済財政諮問会議「郵政民営化の基本方針」を閣議決定（9月）
2005（平成17）年	◎投資信託販売の取扱開始（10月）
	□郵政解散を経て「郵政民営化法」（関連6法）の成立（10月）
	▽第3次小泉内閣（竹中総務相兼郵政民営化担当相）が発足（10月）
	▽特殊法人改革で，日本道路公団など4公団の民営化（10月）
2006（平成18）年	○日本郵政社長に西川善文（元三井住友銀行頭取）が就任（1月）
	□郵政民営化委員会（田中直毅委員長）が発足（4月）
	□日本郵政㈱が，㈱ゆうちょ，㈱かんぽを設立（9月）
	▽安倍晋三内閣（菅義偉総務相）が発足，造反組の復党（9月）

●郵政民営化の実施と見直し（2007～2013年）

2007（平成19）年	▽福田康夫内閣（増田寛也総務相）が発足（9月）
	□公社解散，権利義務継承を経て日本郵政グループが発足（10月）
	○「郵政事業の関連法人の整理・見直しに関する委員会」報告（11月）
2008（平成20）年	◎自前のクレジットカード「JP BANKカード」の取扱開始（5月）
	◎宅配便統合準備会社「JPエクスプレス」設立（6月）
	▽麻生太郎内閣（鳩山邦夫・佐藤勉総務相）が発足（9月）
2009（平成21）年	◎全銀ネットとの接続で民間金融機関と相互送金が可能に（1月）

▽鳩山邦夫総務相，かんぽの宿売却案を凍結（2月）
▽民主党政権（国民新党・社会民主党との連立）が発足（9月）
▽鳩山由紀夫内閣（亀井静香内閣府特命担当相）が発足（9月）
▽「郵政改革の基本方針」の閣議決定（10月）
○齋藤次郎（元大蔵次官）が日本郵政第2代社長に（10月）
□郵政・郵貯・簡保の「株式処分停止法」の成立（12月）

2010（平成22）年 ◎レターパックの取扱開始（4月）
□郵政改革関連3法案閣議決定，衆議院可決，参院で廃案（5月）
▽菅直人内閣（原口一博・片山善博総務相）が発足（6月）
▽参議院選挙で自民躍進，衆参ねじれ国会に（7月）
◎創業140年，郵便局24,529局，郵便物227億通（4月）

2011（平成23）年 ▽東日本大震災が発生（3月）
▽野田佳彦内閣（川端達夫・樽床伸二総務相）が発足（9月）
□「復興財源確保法」の成立，日本郵政株早期処分の方針（11月）

2012（平成24）年 □「改正郵政民営化法」の成立・施行（4月・10月）
○郵便局㈱が日本郵便㈱となり，郵便事業㈱と合併（10月）
○「郵政グループビジョン2021」を発表（10月）
○齋藤社長退任に伴い，日本郵政第3代社長に坂篤郎が昇格（12月）
▽衆議院選で自民が圧勝，第2次安倍政権が発足（12月）

●株式上場と企業価値向上（2013～2021年）

2013（平成25）年 □復興推進会議，日本郵政株売却で4兆円の収入見込む（1月）
◎JPタワー（東京）のグランドオープン（3月）

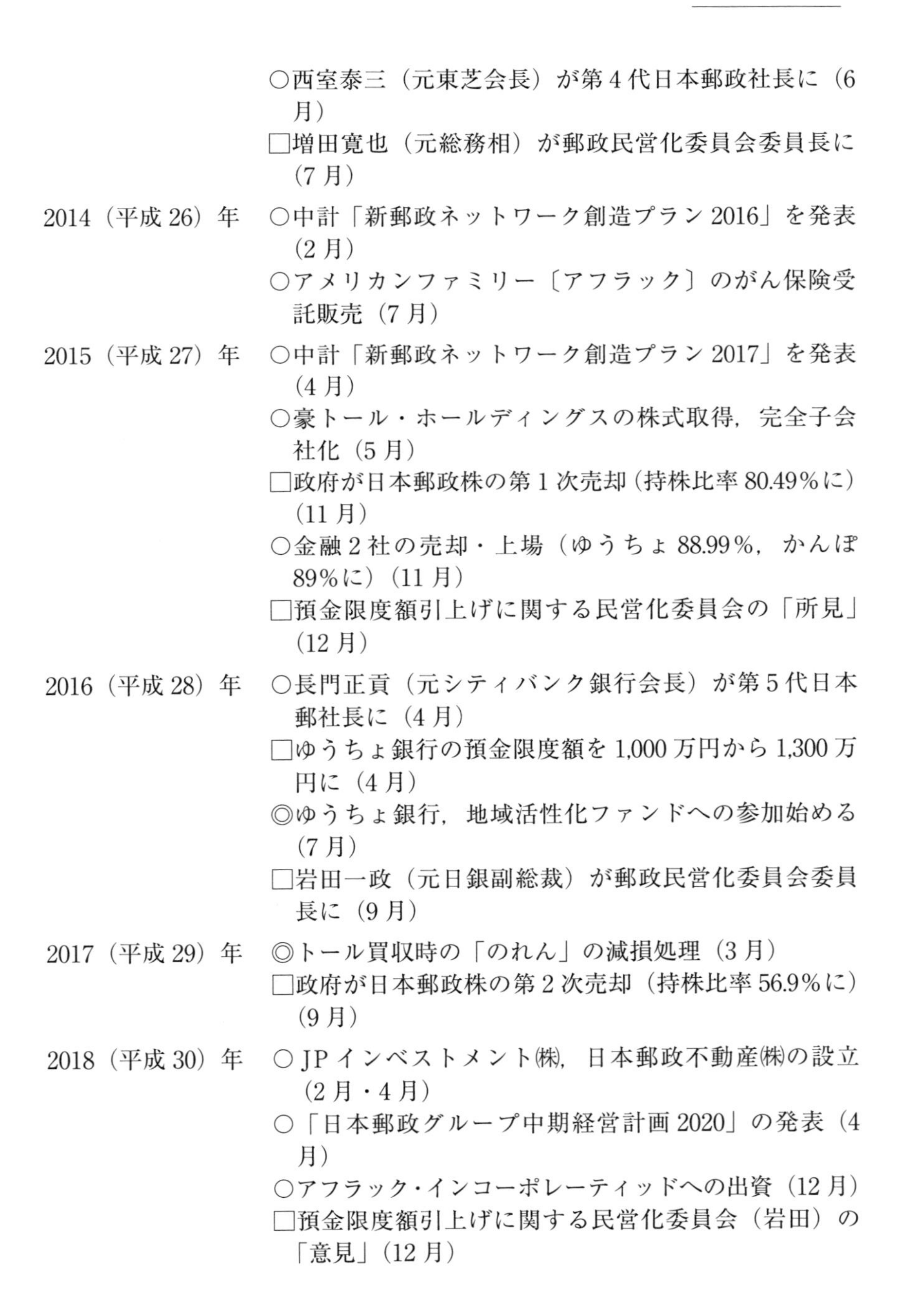

	○西室泰三（元東芝会長）が第4代日本郵政社長に（6月）
	□増田寛也（元総務相）が郵政民営化委員会委員長に（7月）
2014（平成26）年	○中計「新郵政ネットワーク創造プラン2016」を発表（2月）
	○アメリカンファミリー〔アフラック〕のがん保険受託販売（7月）
2015（平成27）年	○中計「新郵政ネットワーク創造プラン2017」を発表（4月）
	○豪トール・ホールディングスの株式取得，完全子会社化（5月）
	□政府が日本郵政株の第1次売却（持株比率80.49%に）（11月）
	○金融2社の売却・上場（ゆうちょ88.99%，かんぽ89%に）（11月）
	□預金限度額引上げに関する民営化委員会の「所見」（12月）
2016（平成28）年	○長門正貢（元シティバンク銀行会長）が第5代日本郵社長に（4月）
	□ゆうちょ銀行の預金限度額を1,000万円から1,300万円に（4月）
	◎ゆうちょ銀行，地域活性化ファンドへの参加始める（7月）
	□岩田一政（元日銀副総裁）が郵政民営化委員会委員長に（9月）
2017（平成29）年	◎トール買収時の「のれん」の減損処理（3月）
	□政府が日本郵政株の第2次売却（持株比率56.9%に）（9月）
2018（平成30）年	○JPインベストメント㈱，日本郵政不動産㈱の設立（2月・4月）
	○「日本郵政グループ中期経営計画2020」の発表（4月）
	○アフラック・インコーポレーティッドへの出資（12月）
	□預金限度額引上げに関する民営化委員会（岩田）の「意見」（12月）

2019（令和 1）年	○かんぽ生命株の 2 次売却（持株比率 64％に）（4 月） ◎ゆうちょ預金限度額の再引上げ（普通・定期各 1,300 万円）（4 月） □郵便局ネットワーク維持支援のため交付金・拠出金制度創設（4 月） ◎かんぽ生命と日本郵便による保険の不適切販売が発覚（7 月）
2020（令和 2）年	○増田寛也（元総務相）が第 6 代日本郵政社長に（1 月） □外部専門家による JP 改革実行委員会の設置（4 月） ▽菅義偉内閣（武田良太総務相）が発足（4 月） ◎創業 150 年，郵便局数 23,812 局，郵便物 152 億通（4 月）
2021（令和 3）年	○楽天グループとの資本・業務提携（3 月） □新しいビジネスモデルを唱える民営化委員会の「意見」（4 月） ○新中期経営計画「JP ビジョン 2025」公表（5 月） □日本郵政，かんぽ生命株 3 次売却（持株比率 49.9％に）（6 月） □政府が日本郵政株の第 3 次売却（持株比率 34.3％に）（10 月）

（出所等）郵政事業・経営に関する歴史的事項（◎及び○）については，日本郵政『有価証券報告書』（2022 年 3 月期）における「沿革」からピックアップしている。保険商品等の個別の商品・サービス（小分類）については割愛している。

他方，郵政民営化プロセスにかかわる法制度・政治社会の変化について，区切りとなる出来事（□及び▽）をピックアップしている。とくに，政権・総務相の人事，制度設計をめぐる構想や法律，日本郵政・民営化委員会のトップ人事，株式売却と企業価値向上への取り組みは，必要最低限を漏れなく取り込んだ。

参考文献

閣議決定，法令，会計基準，新聞記事等は含まない。

●著書・論文

Arrow, K. J. [1963], *Social Choice and Individual Value*, Cowles Foundation for Research in Economics at Yale University, Monograph 12, 2nd ed., Yale University Press, 長名寛明訳［1977］『社会的選択と個人的評価』日本経済新聞社。

Baumol, W. J. [1986], *Superfairness: Applications and Theory*, The MIT Press.

Baumol, W. J. and D. F. Bradford [1970], "Optimal Departure from Marginal Cost Pricing," *The American Economic Review*, Vol.60, No.3, pp.265-283.

Boiteux, M. [1956], "Sur la gestion des Monopoles Publics astreints à l' équilibre budgétaire," *Econometrica*, Vol.24, No.1, pp.22-40.

Francis, J., P. Olsson and D. Oswald [2000], "Comparing the Accuracy and Explanability of Dividend, Free Cash Flow and Abnormal Earnings Equity Value Estimates," *Journal of Accounting Research*, Vol.38（1），pp.45-70.

Hegel, G. W. F. [1821], *Grundlinien der Philosophie des Rechts*, reprint, Leipzin, 藤野渉・赤澤正敏訳［1967］「法の哲学」岩崎武雄責任編集『世界の名著ヘーゲル』中央公論社，149-604頁。

OECD [1991], "Universal Service and Rate Restructuring in Telecommunications, No. 23", *OECD Digital Economy Papers*, No. 4, OECD Publishing, http://dx.doi.org/10.1787/237454868255（アクセス: 2020/09/24）.

Ohlson, J. A. [1995], "Earnings, Book Values, and Dividends in Equity Valuation," *Contemporary Accounting Research*, Vol.11（2）, pp.343-383.

Palepu, K. G., P. M. Healy and V. L. Bernard [2000], *Business Analysis and Valuation: Using Financial Statements*, 2nd ed., South-Western College Publishing, A Division of International Thomson Publishing Inc., 斎藤静樹監訳［2001］『企業分析入門』第2版，東京大学出版会。

Penman, S. H., T. Sougiannis [1998], "A Comparison of Dividend, Cash Flow, and Eanings Approaches to Equity Valuation," *Cotemporary Accounting Research*, Vol.15（3）, pp.343-383.

Penman, S. H. [2001], *Financial Statement Analysis and Security Valuation*, The McGraw-Hill/Irwin, 杉本徳栄・井上達男・梶浦昭友訳［2005］『財務諸表分析と証券評価』白桃書房。

Ramsey, F. P. [1927], "A Contribution to the Theory of Taxation," *The Economic Journal*, Vol.37, pp.47-61.

Train, E. E. [1991], *Optimal Regulation: The Economic Theory of Natural Monopoly*, The MIT Press, 山本哲三・金沢哲雄監訳［1998］『最適規制―公共料金入門―』文眞堂。

Watts, R. L. and J. L. Zimmerman [1986], *Positive Accounting Theory*, 1st ed., Prentice-Hall, 須田一幸訳［1991］『実証理論としての会計学』白桃書房。

Weinberg, A. M. [1972], "Science and Trans-Science," *Minerva*, Vol.10 Issue2, pp.209-222.

青木昌彦［2002］「(経済教室) 制度の大転換推進を」『日本経済新聞』2002年1月4日付け朝刊。

青木昌彦・関口　格・堀　宣昭［1996］「伝統的経済学と比較制度分析」青木昌彦・奥野正寛編著『経済システムの比較制度分析』東京大学出版会，21-37頁。

浅井澄子［1997］「ユニバーサル・サービスのコスト算定とその意義」『郵政研究所月報』No.106，65-91頁。

飯島　勲［2006］『小泉官邸秘録』日本経済新聞社。

石井晴夫・武井孝介［2003］『郵政事業の新展開―地域社会における郵便局の役割―』郵研社。

石田　淳・沓抜　覚［1978］『地方公営企業制度』ぎょうせい。

伊勢田哲治［2003］『疑似科学と科学の哲学』名古屋大学出版会。

井筒郁夫［1998］「信書独占下の効率的な郵便料金」『郵政研究所月報』No.113，41-63頁。

依田高典［2001］『ネットワーク・エコノミクス』日本評論社。

一瀬智司・大島国雄・越後和夫編［1987］『公共企業論』新版，有斐閣。

井手秀樹［2015］『日本郵政 Japan Post』東洋経済新報社。

伊藤邦雄［2014］『新・企業価値評価』日本経済新聞出版社。

伊藤真利子［2019］『郵政民営化の政治経済学―小泉改革の歴史的前提―』名古屋大学出版会。

伊東光晴編［2004］『岩波現代経済学辞典』岩波書店。

井上孝男編著［1981］『都市と公営企業』ぎょうせい。

井上卓朗［2011］「日本における近代郵便の成立過程―公用通信インフラによる郵便ネットワークの形成―」『郵便資料館研究紀要』第2号，18-54頁。

井上卓朗・星名定雄［2018］『郵便の歴史』鳴美。

内井惣七［1995］『科学哲学入門―科学の方法・科学の目的―』世界思想社。

内山　隆［1996］「料金の決定理論と規制制度」石井晴夫編著『現代の公益事業―規制緩和時代の課題と展望―』NTT出版，41-67頁。

宇田左近［2004］「移行期検討のフレームワーク」『討議資料移行期の全体イメージ(2004年12月10日)』, https://www.yuseimineika.go.jp/yuushiki/dai21/21siryou1.pdf（アクセス：2024/08/13）。

浦西秀司［2004］「郵便事業におけるユニバーサルサービス供給コストの計測」『公益事業研究』第56巻第2号，51-59頁。

———— [2007]「郵便事業におけるユニバーサルサービス維持に関するシミュレーション」『公益事業研究』第59巻第2号，55-68頁。

占部都美［1969］『公共企業体論』第二増補版，森山書店。

遠藤和宏［2019］「日本郵政グループの現状と課題―郵便サービスの見直しとかんぽ生命の不適切販売―」『立法と調査』No.417，92-110頁。

大坂　健［1992］『地方公営企業の独立採算制』昭和堂。

大下英治［2019］『野中広務　権力闘争全史』エムディエヌコーポレーション。

大島国雄［1965］「独立採算制（経済計算制）」大阪市立大学経済研究所編『経済学辞典』岩波書店，863-864頁。

———— ［1976］『公企業の経営学』新改訂，白桃書房。

太田和博［2020］『日本の道路政策―経済学と政治学からの分析―』東京大学出版会。

太田康広［2012］「財務諸表で読み解く日本郵政上場と新規事業進出の意味」『DIAMOND online』，https://diamond.jp/articles/-/27340?page=5（アクセス：2020/04/26）。

大森麻衣［2015］「日本郵政グループ3社の株式上場と今後の課題」『立法と調査』No.371，133-147頁。

小川常人・高橋善七［1983］『特定郵便局制度史』座右の書物會。

奥野信宏［1975］『公企業の経済理論』東洋経済新報社。

小倉昌男［2003］『福祉を変える経営』日経BP社。

乙政正太［2019］『財務諸表分析』第3版，同文舘出版。

会計検査院［2016］『日本郵政グループの経営状況等について』会計検査院法第30条の2の規定に基づく報告書。

加来耕三［2019］『前島密の構想力』つちや書店。

河内明子［2005］「郵政改革の動向」『調査と情報』No.469，1-10頁。

北　久一［1974］「公益事業とは何か」現代公益事業講座編集委員会編『公益事業概論』電力新報社，9-80頁。

行政改革委員会事務局編［1997］『行政の役割を問いなおす』大蔵省印刷局。

清原聖子［2008］『現代アメリカのテレコミュニケーション政策過程―ユニバーサル・サービス―基金の改革』慶應義塾大学出版会。

金融財政事情編集部［1993］「特集・公的金融システムの見直し」『金融財政事情』1993年3月8日号，16-37頁。

小泉純一郎・松沢しげふみ編［1999］『郵政民営化論』PHP研究所。

神足祐太郎［2015］「郵政のユニバーサルサービスと確保策」『調査と情報』No.885，1-14頁。

小坂直人［2005］『公益と公共性―公益は誰に属するか―』日本経済評論社。

小林正義［2002］『みんなの郵便文化史』にじゅうに。

『財界』編集部編［2007］『郵政改革の原点』財界研究所。

在日米国商工会議所［2006］民営化タスクフォース『「郵政民営化関連法律の施行に伴う郵政事業と競争政策上の問題点について」（案）に対する意見書』。

坂田期雄［1973］『地方公営企業』第一法規出版。

桜井　徹［1986］「公企業（公企体）の経営原則」山本秀雄編『公企業論』日本評論社，51-73 頁。

桜井久勝［2008］「残余利益モデルによる株式評価―非上場株式への適用をめぐって―」『税務大学校論叢 40 周年記念論文集』，171-200 頁。

――――［2010］『企業価値評価の実証分析』中央経済社。

――――［2020］『財務諸表分析』第 8 版，中央経済社。

佐々木弘［1981］『現代公益企業論』白桃書房。

情報通信審議会［2000］『IT 革命を推進するための電気通信事業における競争政策の在り方についての第一次答申―IT 時代の競争促進プログラム―』2000 年 12 月 21 日。

――――［2002a］『IT 革命を推進するための電気通信事業における競争政策の在り方についての第二次答申』2002 年 2 月 13 日。

――――［2002b］『IT 革命を推進するための電気通信事業における競争政策の在り方についての最終答申』2002 年 8 月 7 日。

――――［2005］『「ユニバーサルサービス基金制度の在り方」答申』2005 年 10 月 25 日。

――――［2014a］『郵政事業のユニバーサルサービス確保と郵便・信書便市場の活性化方策の在り方〈平成 25 年 10 月 1 日付諮問第 1218 号〉中間答申』2014 年 3 月 12 日。

――――［2014b］『「郵政事業のユニバーサルサービス確保と郵便・信書便市場の活性化方策の在り方」中間答申に対する意見募集において提出された意見及びそれらに対する考え方』2014 年 5 月 7 日。

――――［2014c］『郵政事業のユニバーサルサービス確保と郵便・信書便市場の活性化方策の在り方〈平成 25 年 10 月 1 日付諮問第 1218 号〉第 2 次中間答申』2014 年 12 月 4 日。

――――［2014d］郵政政策部会『「特定信書便事業の業務範囲の見直し等の方向性」に対する意見募集において提出された意見及びそれらに対する考え方』2014 年 12 月 4 日。

――――［2015a］『郵政事業のユニバーサルサービス確保と郵便・信書便市場の活性化方策の在り方〈平成 25 年 10 月 1 日付諮問第 1218 号〉答申』2015 年 9 月 28 日。

――――［2015b］郵政政策部会『「郵政事業のユニバーサルサービス確保と郵便・信書便市場の活性化方策の在り方」答申（案）に対する主な意見概要及びそれらに対する考え方』2015 年 9 月 28 日。

――――［2019］『少子高齢化，人口減少社会等における郵便局の役割と利用者目線に立った郵便局の利便性向上策〈平成 30 年 2 月 14 日付諮問第 1227 号〉郵便サービスのあり方に関する検討答申』2019 年 9 月 10 日。

菅原周一［2013］『日本株式市場のリスクプレミアムと資本コスト』きんざい。

鈴木棟一［1993］「郵貯170兆円を前に冷戦続く―小泉 vs. 郵政省―」『週刊ダイヤモンド』1993年3月27日号，36-38頁。

瀬戸山順一［2010］「転換点を迎えた郵政民営化―郵政株式処分停止法案の国会論議―」『立法と調査』No.301，121-132頁。

全国銀行協会［2001］『我々が考える郵便貯金の将来像―「民営化」の実現に向けて―〈平成13年1月〉』。

総務省［2009a］『平成20年通信利用動向調査の結果（概要）』2009年4月7日，https://www.soumu.go.jp/johotsusintokei/statistics/data/090407_1.pdf（アクセス：2023/07/17）。

――――［2009b］郵政行政部国際企画室『EMSの現状と課題』2009年6月1日。

――――［2015a］『総務省の取組について』2015年1月30日。

――――［2015b］『郵政事業のユニバーサルサービスの現状について』2015年2月6日。

――――［2015c］『郵政事業のユニバーサルサービスの確保方策の方向性』2015年7月30日。

――――［2015d］『郵政事業のユニバーサルサービスの確保方策の方向性』2015年8月13日。

――――［2016］『郵政事業のユニバーサルサービスの現状について』2016年7月。

――――［2017］『地域における郵便局ネットワークの現状について』2017年3月。

――――［2018a］『総務省の取組について』2018年1月24日。

――――［2018b］情報流通行政局郵政行政部『交付金・拠出金の算定方法に関する省令案について（独立行政法人郵便貯金・簡易生命保険管理機構法の一部を改正する法律（平成30年法律第41号）関係）』2018年8月24日。

高橋洋一［2007］『財投改革の経済学』東洋経済新報社。

滝川好夫［2006］『郵政民営化の金融社会学』日本評論社。

竹中平蔵［2006］『構造改革の真実』日本経済新聞出版社。

竹原均・須田一幸［2004］「フリーキャッシュフローモデルと残余利益モデルの実証研究―価値関連性の比較―」『現代ディスクロージャー研究』第5号，23-35頁。

通信文化協会博物館部監修［2017］『「鴻爪痕」前島秘伝』鳴美。

辻　和夫［1981］『公共企業概論』昭和堂。

寺尾晃洋［1979］「独立採算制」経済学辞典編集委員会編『大月経済学辞典』大月書店，719頁。

寺田一薫・中村彰宏［2013］『通信と交通のユニバーサルサービス』勁草書房。

電気通信審議会［2000］『IT革命を推進するための電気通信事業における競争政策の在り方についての第一次答申―IT時代の競争促進プログラム―』。

東洋経済新報社編［2021-2022］『会社四季報業界地図』各年版，東洋経済新報社。

戸田山和久［2011］『「科学的思考」のレッスン―学校で教えてくれないサイエンス―』NHK出版。

中川公一郎［1975］「公益企業の概念と制度的課題」縄田榮次郎・堀田和宏・佐々木弘編『公益企業の新領域』千倉書房，1-17 頁。

中里　孝［2009］「郵政民営化の現状」『調査と情報』第 656 号，1-11 頁。

――――［2011］「郵政民営化 4 年目の現状」『調査と情報』第 715 号，1-11 頁。

西垣鳴人［2013］『ポストバンク改革の国際比較』柘植書房新社。

西川善文［2007］『挑戦―日本郵政が目指すもの―』幻冬舎。

――――［2011］『ザ・ラストバンカー ―西川善文回顧録―』講談社。

西田達昭［1995］『日米電話事業におけるユニバーサル・サービス』法律文化社。

日本郵政グループ［2013］「TPP 協定交渉に関する説明会（第 1 回）の意見募集結果・日本郵政グループ」内閣官房 TPP 等政府対策本部『関係団体等への情報提供，関係団体からの意見』2013 年 8 月 2 日。

――――［2014］『2015 年（平成 27 年）3 月期中間決算の概要』。

野家啓一［2015］『科学哲学への招待』筑摩書房。

野村健太郎［2006］『郵政民営化の焦点―「小さな政府」は可能か―』税務経理協会。

長谷川憲正［2012］『郵便局の復活―郵政見直し法の正しい読み方―』通信文化新報。

橋本賢治［2009］「郵政民営化後の課題―金融のユニバーサルサービスの確保を中心として―」『立法と調査』No.288，15-26 頁。

――――［2010］「郵政事業の抜本的見直しに向けて―郵政改革関連 3 法案―」『立法と調査』No.305，3-24 頁。

――――［2011a］「郵政事業をめぐる現状と課題」『立法と調査』No.318，46-58 頁。

――――［2011b］「信書便事業をめぐる現状と課題」『立法と調査』No.321，113-126 頁。

――――［2012］「郵政民営化法等改正法の成立―郵政事業の見直しに決着―」『立法と調査』No.332，3-27 頁。

――――［2013］「郵政民営化の検証―そのメリットを中心として―」『立法と調査』No.346，69-94 頁。

――――［2015］「株式上場に向けた郵政事業の課題―ユニバーサルサービスの確保，経営基盤の強化等の調和―」『立法と調査』No.360，13-31 頁。

林紘一郎・田川義博［1994］『ユニバーサル・サービス』中央公論社。

藤井秀樹［1992］「EC における会計調和化とフランス会計―『忠実な写像』原則の国内化をめぐって―」『社会科学研究年報』第 22 号，48-55 頁。

――――［1997］『現代企業会計論―会計観の転換と取得原価主義会計の可能性―』森山書店。

――――［2007］『制度変化の会計学―会計基準のコンバージェンスを見すえて―』中央経済社。

――――［2019］『入門財務会計』第 3 版，中央経済社。

――――［2022］「ユニバーサルサービスの経済理論と制度設計―郵政事業に寄せた論点整理―」『金沢学院大学紀要』第20号，129-139頁。

藤井秀樹・山本利章［1999］「会計情報とキャッシュフロー情報の株価説明力に関する比較研究―Ohlsonモデルの適用と改善の試み―」『會計』第156巻第2号，14-29頁。

藤井秀樹・渡邊誠士・横山夏子［2014］「日本郵政の株式上場と企業価値推定」『公益事業研究』第66巻第1号，1-10頁。

藤井弥太郎［1987］「公共料金の体系」一瀬智司・大島国雄・肥後和夫編『公共企業論』新版，有斐閣，204-229頁。

星名定雄［2006］『情報と通信の文化史』法政大学出版社。

桝原勝美［1977］『地方公営企業の経営』ぎょうせい。

松原　聡［2007］『郵政事業の関連法人の整理・見直しに関する委員会・第三次報告（最終報告）』。

丸山昭治［2002］「郵便のユニバーサルサービス・コスト：考え方と諸外国の計測」『郵政研究所月報』No.161，149-163頁。

山内　隆［1996］「料金の決定理論と規制制度」石井晴夫編著『現代の公益事業―規制緩和時代の課題と展望―』NTT出版，41-67頁。

山内弘隆［2008］「料金規制の政治経済学」『法學研究』第81巻第12号，658-668頁。

山口勝業［2016］「株式リスクプレミアムの時系列変動の推計―日米市場での62年間の実証分析―」『証券経済研究』第93号，103-111頁。

山本政一［1972］『国有化企業論』千倉書房。

山本哲三［2002］「アクセス料金：OECDの理論と政策（上）」『郵政研究所月報』No.162，11-29頁。

山谷修作編著［1992］『現代日本の公共料金』電力新報社。

郵政改革研究会［2011］『郵政民営化と郵政改革―経済と調和のとれた，地域のための郵便局を―』金融財政事情研究会。

――――［2012］『続・郵政民営化と郵政改革―新たな郵政民営化―』金融財政事情研究会。

郵政審議会編［1997］『21世紀を展望した郵便局改革ビジョン』日刊工業新聞社。

郵政民営化委員会［2006］『郵便貯金銀行及び郵便保険会社の新規業務の調査審議に関する所見』2006年12月20日。

――――［2012］『郵政民営化の進捗状況についての総合的な見直しに関する郵政民営化委員会の意見の報告』2012年3月。

――――［2015］『今後の郵政民営化の推進の在り方に関する郵政民営化委員会の所見』2015年12月。

――――［2018］『郵政民営化の進捗状況についての総合的な検証に関する郵政民営化委員会の意見』。

――――［2020］『郵政民営化の進捗状況についての総合的な検証に関する郵政民営化委員会の意見』2020年4月。

和田尚久［1996］「公益事業におけるユニバーサル・サービス」石井晴夫編著『現代の公益事業—規制緩和時代の課題と展望—』NTT 出版，259-274 頁。

渡邊誠士［2016］「日本郵便の統合効果に関する会計的考察」『公益事業研究』第 68 巻第 3 号，1-10 頁。

———— ［2021］「M&A の期待に関する会計学的考察—日本郵便の toll 社買収を題材として—」『経済論叢』第 194 巻第 4 号，127-134 頁。

●有価証券報告書等

日本郵政グループ『統合報告書』各年度版。

日本郵便『日本郵便株式会社法第 13 条に基づく書類』各年度版。

ゆうちょ銀行『統合報告書』各年度版。

———— 『有価証券報告書』各年度版。

かんぽ生命『統合報告書』各年度版。

———— 『有価証券報告書』各年度版。

第一生命『アニュアルレポート』各年度版。

みずほ FG『統合報告書』各年度版。

三井住友 FG『統合報告書』各年度版。

三菱 UFJFG『統合報告書』各年度版。

ヤマト HD『有価証券報告書』各年度版。

※たとえば，“日本郵政グループ『統合報告書』2019 年度版”を文中等で引用する場合，“日本郵政グループ［2019 年度］”と表記する。

※ゆうちょ銀行とかんぽ生命については，『統合報告書』と『有価証券報告書』を区別するために，文中等で引用する場合，たとえば，前者は“ゆうちょ銀行［2019 年度］”，後者は“ゆうちょ銀行『有価証券報告書』(2019 年度)”と，それぞれ表記する。

●内閣府等の審議記録

内閣府［2004a］『経済財政諮問会議議事録（平成 16 年第 3 回）』，https://warp.da.ndl.go.jp/info:ndljp/pid/11670228/www5.cao.go.jp/keizai-shimon/minutes/2004/0217/minutes_s.pdf（アクセス：2023/07/17）。

内閣府［2004b］『経済財政諮問会議議事録（平成 16 年第 7 回）』，https://warp.da.ndl.go.jp/info:ndljp/pid/11670228/www5.cao.go.jp/keizai-shimon/minutes/2004/0407/minutes_s.pdf（アクセス：2023/07/17）。

内閣府［2004c］『経済財政諮問会議議事録（平成 16 年第 18 回）』，https://warp.da.ndl.go.jp/info:ndljp/pid/11670228/www5.cao.go.jp/keizai-shimon/minutes/2004/0802/minutes_s.pdf（アクセス：2023/07/17）。

索　引

あ行

か行

さ行

た行

な行

は行

ま行

や行

ら行

数字

欧文

【執筆者紹介】

藤井秀樹（ふじい　ひでき）編著者，第1章，第7章，第8章

1978年京都大学経済学部卒業。1984年京都大学大学院経済学研究科指導認定退学。京都大学博士（経済学）。京都大学大学院経済学研究科教授等を経て，
現在，金沢学院大学理事・副学長，同大学院経営情報学研究科長，同経済学部教授。京都大学名誉教授。

主要著書

『現代企業会計論』1997年，森山書店（日本会計研究学会太田・黒澤賞）

『制度変化の会計学』2007年，中央経済社（国際会計研究学会賞，日本公認会計士協会学術賞）

IFRS in a Global World: International and Critical Perspectives on Accounting, Springer, 2016, co-authored 等。

奥村陽一（おくむら　よういち）第2章，第3章

1981年京都大学経済学部卒業。1986年立命館大学大学院経営学研究科指導認定退学。立命館大学経営学部教授等を経て，
現在，学校法人立命館常務理事（財務担当），立命館大学大学院経営管理研究科教授。

主要著書

「企業会計原則と財務報告概念」藤井秀樹編著『国際財務報告と基礎概念』，中央経済社，2014年

「Jリーグ・Jクラブ経営の分析視点」『立命館経営学』第54巻第4号，2016年

「病院経営分析の新展開－伯鳳会グループの成長事例－」『立命館経営学』第58巻第6号，2020年等。

渡邊誠士（わたなべ　まさし）第4章，第5章，第6章，第6章の補章

2011年京都大学経済学部卒業。2016年京都大学大学院経済学研究科指導認定退学。日本経済大学経済学部准教授を経て，
現在，金沢学院大学経済学部准教授。

主要著書

"The Stock Listing and Business Value Estimation of Japan Post Holdings," *Korea International Accounting Review*, 2014, co-authored

「ストック・オプションの会計処理と税務処理に関する一考察」『財務会計研究』第10号，2016年（財務会計研究学会奨励賞）

「規範理論としての会計学」『会計理論学会年報』第33号，2019年（会計理論学会賞）等。

■ 郵政事業の会計分析
—ユニバーサルサービスと効率性

■ 発行日—— 2025年2月6日　初版発行　〈検印省略〉

■ 編著者——藤井　秀樹

■ 発行者——大矢栄一郎

■ 発行所——株式会社 白桃書房
〒101-0021　東京都千代田区外神田 5-1-15
☎ 03-3836-4781　FAX 03-3836-9370　振替 00100-4-20192
https://www.hakutou.co.jp/

■ 印刷・製本——三和印刷

ISBN978-4-561-36237-1　C3034